德　国
顶级酒庄赏鉴

〔德〕史蒂芬·莱因哈特　编著

王　丹　译

上海科学技术出版社

图书在版编目（CIP）数据

德国顶级酒庄赏鉴 /（德）史蒂芬·莱因哈特 (Stephan Reinhardt) 编著；王丹译 . —上海：上海科学技术出版社，2017.1
（世界顶级酒庄指南）
ISBN 978-7-5478-3364-3

Ⅰ.①德… Ⅱ.①史… ②王… Ⅲ.①葡萄酒－文化－德国 Ⅳ.① TS971

中国版本图书馆 CIP 数据核字（2016）第 281568 号

Original title: The Finest Wines of Germany
First published in Great Britain 2012 by Aurum Press Ltd.
Copyright © 2012 Fine Wine Editions Ltd.

世界顶级酒庄指南：德国顶级酒庄赏鉴
Copyright © 2016 by Shanghai Scientific & Technical Publishers.
中文版译者：王丹

德国顶级酒庄赏鉴
〔德〕史蒂芬·莱因哈特 编著
王 丹 译

上海世纪出版股份有限公司
上 海 科 学 技 术 出 版 社 出版
（上海钦州南路 71 号 邮政编码 200235）
上海世纪出版股份有限公司发行中心发行
200001 上海福建中路 193 号 www.ewen.co
上海中华商务联合印刷有限公司印刷
开本 787×1092 1/16 印张 12 插页：4
字数 250 千字
2017 年 1 月第 1 版 2017 年 1 月第 1 次印刷
ISBN 978-7-5478-3364-3/TS·198
定价：68.00 元

本书如有缺页、错装或坏损等严重质量问题，
请向工厂联系调换

序

优质葡萄酒在一众同类中脱颖而出，不是虚名使然，而是因为美酒带来的动人对话。我有时觉得，它们甚至通过沉浸其中来刺激、撩拨着这段对话。

这个想法太荒诞了吗？你从不与一瓶独特纯正、口感柔和的葡萄酒交换意见吗？瞧，你现在正第二次放下醒酒器。你欣赏它的颜色，注意到新橡木气味的减少、成熟的黑醋栗气味不断变得浓郁，并对此评论一番。这时一阵浓烈的碘盐味打断了你，耳边仿佛响起大海的声音，清晰得好像是你刚把车停在海滩上打开车门听到的。现在，想一想纪龙德河，那铺着浅色石头的灰色长坡，葡萄酒正娓娓诉说着，我是拉图，你不可能忘记我的兄弟姐妹，因为它们身上的甜铁味，那是我们家族的味道。让我停留在你的舌尖，告诉你一切：我的葡萄品种，想念的8月阳光，炙烤着迎来收获的9月。我的力量在褪去吗？那一定是老了，但我也越发善于表达了；你看到我的弱点，而我的个性也越发分明了。

让懂得倾听的人慢慢聆听吧！世界上大多数的葡萄酒就像法国的无言漫画。优质葡萄酒即使失了水准或遭到超越，仍是形态和气质皆出众的品种。假如它们获得了似乎高于自身价值的赞誉和标价，那是因为它们树立了榜样。没有榜样的参照，我们还能期待什么呢？这种期待并不是微不足道的，它将为我们持续带来更多令人沉醉的品种、对话和诱人的声音。

二三十年前，葡萄酒世界还是一片平原，零星几座高峰。有裂缝，甚至还有深渊，但我们已竭尽所能地避开。大陆碰撞挤压形成新山脉，而贫瘠的新岩石则受侵蚀转变为肥沃的土壤。还需要提那些攀登高峰的探险者吗？那些在高地种植的先驱，尽管在当时看来是那么的狂妄。如果说，他们一开始只是默默地酿制着葡萄酒，那么最终坚持下来的人们则找到了属于葡萄酒世界的新语法和词汇，让它们在这即将风靡全球的对话里发声。

对于大多数伟大的葡萄酒产区来说，历史进程也许有断层但总体是稳定的，而德国则不同。从全球公认最伟大的白葡萄酒酿造国，到顷刻间一池清泉混沌不堪，那是一次令人错愕的自损行为，源于一种受制于通俗观念的体制。沿用了数世纪用于挑选最优质葡萄园的区分法竟遭遇全盘否定，被诟病为"精英论"。品质概念被彻底废除，由含糖量取而代之。想像一下，一个不分村庄级（village wines）、一级园（premiers crus）和特级园（grands crus）的法国金丘区，会是怎样的景象？

自1972年起的近30年时间里，德国的标准葡萄酒口感太过甜腻、毫无特色，让曾经最狂热的拥护者也敬而远之。当然，也不乏例外：一些骄傲的酿酒人，挣脱体制束缚，带着自尊和祖传工艺酿造葡萄酒；但他们的处境十分艰难。本书介绍的对象正是这些酿酒人和他们的继承者。作者史蒂芬·莱因哈特告诉我们：忘记过去，再次启程，依靠同样的素材——雷司令和黑品乐，以及凉爽气候下类型各异的土壤；秉承全新的理念，赋予品质新的定义，酿造适应新市场的葡萄酒。在我的个人酒窖里，至今还珍藏着1971年的德国精选酒（Auslese），是我最珍贵的白葡萄酒收藏。德国需要这样的传承。

休·约翰逊

前　言

本书着重讨论德国葡萄酒的品质、种类和酿造工艺。书中介绍的酿酒商，无论葡萄园的地势如何陡峭、葡萄品质如何反复无常、天气如何瞬息万变，都以精湛的工艺实践着他们世代传承的学识、诚意、热情和骄傲。当然，那些在书中提及但未作详述的酿酒商也是如此。

德国葡萄酒的文化可追溯至古罗马及中世纪早期，盛名久负，距今已有数千年的历史。19世纪末以前，来自莱茵（Rhine）、摩泽尔（Mosel）和萨尔（Saar）产区的雷司令曾跻身全球最受追捧和昂贵的葡萄酒之列。如今，一百多年过去了，这里的顶级酿酒商们正迎来德国葡萄酒的另一个"黄金时代"。雷司令依旧是他们的重中之重，而黑品乐也吸引了他们越来越多的注意，贡献了许多世界级的葡萄酒佳品，成为21世纪头10年推动德国葡萄酒快速发展的第二大力量。这两大品种占据了本书的主要篇幅，同占一席之地的还有希瓦那、白品乐和灰品乐。

正如史蒂芬·布鲁克（Stephan Brook）在《德国葡萄酒（2003）》（*The Wines of Germany 2003*）一书中所写，对于德国葡萄酒，"专家和大众的观点存在不可逾越的鸿沟"。不过，这一分歧正在逐渐缩小。VDP协会，一个由德国约200家业内龙头组成的庞大协会组织，正避开1971年的反精英葡萄酒法：该法不以原产地、葡萄品种、产量或酿造技术为依据，改用含糖量评判葡萄酒品质，一手造成了德国葡萄酒长久以来"甜腻而廉价"的国际形象。VDP协会意识到，在德国这样一个如此"酷意十足"的葡萄酒国度，风土的各方面条件都对葡萄酒的独特个性和品质有着异常巨大的影响。如今，他们正发起一个反向运动，即"从含糖量回归风土"。协会自主制定葡萄园等级和分类，如头等园/一级园干酒

（Grosses / Erstes Gewähs），来推广出售他们的葡萄酒。特级园的概念促使葡萄栽培和酿酒工艺走向更高的标准，葡萄酒本身也越发出色。

作为一本着眼于德国最优质葡萄酒的书籍，精挑细选是不可避免的，毕竟德国酿酒商的数量目前已有24 000多家。对于书中酿酒商的挑选，肯定具有主观性，也并非试图为德国酿酒商排名。我选择的这些酿酒商保持着一贯风格，其个性、理念、真正手工酿造的葡萄酒，真实展现了德国葡萄酒如今激动人心的发展。这里突出介绍的大部分是知名酿酒商；同时，我也挑选了一些知名度较低的酿酒商，相比某些酿酒商旗下知名产区的葡萄酒，他们的葡萄酒更令我惊喜，让那些不为人知的产区展现了价值。

基于同样的原因，德国的十三大葡萄酒产区无法尽数收录。虽然也有非常棒的葡萄酒产自萨勒-温斯图特（Saale Unstrut）、黑森山道（Hessische Bergstrasse）和中部莱茵区（Mittelrhein），但还是没能找到一家酿酒商能持续不断地带来振奋人心的葡萄酒。

2010年8月至2012年1月，我再次造访了书中介绍的所有庄园，每处至少一次。书中的品酒笔记都是最新的，包括那些更为成熟的酒款；德国雷司令最让人难忘的品质之一，就是其惊人的寿命。

德国葡萄酒尽管复杂多样，但在风格上却是一致的明确，甚至可以说独特，这绝不仅仅体现在果味上。上好的德国葡萄酒，不只是舌尖上的美味，更能让品尝它的人惊叹不已。来吧，举起酒杯，敞开你的心扉，随我开启那充满魔力的酒瓶，去发现德国最美的葡萄酒，"那些最值得谈论的葡萄酒"。

史蒂芬·莱因哈特

目　录

1 | 发现德国葡萄酒

"酷"的定义

德国的葡萄酒风格独特，自成一派，尤其是它的雷司令。德国是欧洲最北端、也最凉爽的传统葡萄酒国，那里的葡萄成熟慢，生长季持续至 11 月底，即使最微小的气候变化或地理性差异也会对葡萄酒的风格产生实质性的影响。

远不止果味

休·约翰逊曾一针见血地指出，雷司令是一款能挑起人们"喜悦与惊叹"感官的葡萄酒。甚至不夸张地说，它能改变人生！

由雷司令带来人生彻底改变的还有斯图尔特·皮戈特（Stuart Pigott）。1981 年，在皮戈特工作的伦敦泰特美术馆，一位"乐善好施的慈善家"请他喝了一口埃伯巴赫修道院（Kloster Eberbach）酒庄 1971 年的斯坦伯格雷司令晚摘酒（Steinberger Riesling Spätlese）。随后，这位如今长住柏林的英国著名葡萄酒作家、雷司令爱好者和业内星探，决定辞去那里的侍应生工作并搬家。这款酒的滋味仿佛流水淌过岩石，让他的思绪穿越地质层，进入未知的天地，针刺般的口感久散不去，令人震颤。

针刺、岩石和矿物的口感，而非菠萝、百香果的果味，甚至脱离葡萄酒惯有的滋味，看来雷司令确实是奇特的品种。它反复无常、风格多变，从干型酒到贵腐甜酒自由转换。因此，简单以霞多丽、长相思或赤霞珠的方式对雷司令进行分类是行不通的。由于其漫长的成熟期，雷司令有几分变色龙的意味。"雷司令，和黑品乐一样，似乎以独特的风格在自己的小圈子里自得其乐。"酿酒师欧文·伯德（Owen Bird）在他的《莱茵的黄金：德国葡萄酒的复兴（2005）》（*Rheingold: The German Wine Renaissance 2005*）里如是说。

即使土壤条件千差万别，这个品种依然保持着独有的多层特性；它对气候的适应能力大得惊人，却不会丢失其精致稳定的葡萄酒风格。尽管它的香气会因为产地或栽培酿造技术产生极大的改变，但上好的德国雷司令总能呈现令人惊喜的细腻、果味、优雅、活力、精妙和丰富层次，带来十分愉悦的口感。

从未知到体验

遗憾的是，想知道瓶中的德国雷司令是否上乘，仅从标签判断并不容易。我个人的第一款雷司令，品尝于 20 世纪 80 年代初，我还在经历"青春期"，其口感极干、极酸，典型的纳赫产区（Nahe）特色。它的标签现已弃用，标有"für Diabetiker geeignet"字样（指适合糖尿病患者）。显然，这是一款健康的葡萄酒，只是药用价值远胜于它的口感。

想必你能理解，为什么与葡萄酒的那次初遇让我之后数年都对这种奇怪的酒精饮料敬而远之。直到去慕尼黑求学，在领略了一款 1990 年份贝尔热拉克干白葡萄酒（Bergerac Sec，价值 4 欧元）的出色香气和清爽口感之后，我才与雷司令葡萄酒重续前缘，但都是来自法国和意大利的葡萄酒。直到 20 世纪 90 年代中叶，我才重回德国雷司令的怀抱。

为什么告诉你这些呢？就是希望你了解，无论最初的印象如何，无论它与其他葡萄酒有多么不同，德国葡萄酒都值得你追随下去，并且像我一样，逐渐爱上它。如今的德国葡萄酒就更是如此了，它已走出 20 世纪 80 年代初的最低谷，取得了不可估量的进步。在

右图：沙兹堡（摩泽尔产区）凉爽的板岩土壤。这里产出的葡萄酒总让人想起液态的岩石和矿物质，而不是水果

那灰暗的几十年里，德国葡萄酒 [除了雷司令，还有米勒 - 图高（Müller-Thurgau）、克尔娜（Kerner），以及各种奇异的杂交品种，如奥特加（Ortega）、胡塞尔（Huxelrebe）、斯格瑞博（Siegerrebe）和多米娜（Domina）] 的声誉不仅在国际上遭遇重创，在国内市场也是每况愈下。产量太高，无论残留糖分还是酥蕊渍酿酒法（Süssreserve）都无法改变它们的单调无趣。德国葡萄酒曾经的高定价一度跌至历史最低，酿酒商们也就更没什么动力提升葡萄酒的品质了。

20 世纪 80 年代，德国葡萄酒经历从甜型酒向干型酒的转变，但变化的只是风格，品质表现依旧低迷。以我父亲的情况为例，他是一个爱国主义者，从 20 世纪 50 年代"德国经济的奇迹年"（Wirtschaftswunderjahren）时期开始电气工程师的职业生涯，原本钟爱便宜的德国甜葡萄酒和德国起泡酒（Sekt），却不得不出于健康考虑改喝德国干型葡萄酒。然而，并不是所有德国人都像他那样忠心耿耿，不少人投向法国、意大利葡萄酒的怀抱，或是之后的新世界葡萄酒，它们价格低、口感干涩，却比大多数德国葡萄酒好喝得多。

20 世纪 90 年代中叶，是休·约翰逊和他对上等雷司令的义无反顾助我走出心理阴影。如今，我品尝过的雷司令不计其数，年份跨度超过 100 年。一款优质的雷司令珍藏（Kabinett）、晚摘（Spätlese）或精选（Auslese）酒，带给我的体验纵使最出色的香槟酒都无法给予。无论多老的年份都能带来愉悦的心情、平静的思绪，仿若浮士德心驰神往的"那个瞬间"：再停留一会吧，你太美了（Verweile doch! Du bist so schön）！德国雷司令与其他葡萄酒不同，它 7% ~ 9% 的酒精度和美味残糖量，不会

让我在喝下一瓶后睡意渐浓。相反，我可能会越发兴致盎然地想着去酒窖再取一瓶。次日清晨偶尔的不适，通常也不需要吞下一颗维生素 C 来缓解。

这是德国葡萄酒的奇迹之一，在最出色的雷司令里得到极致体现，它让对立矛盾的特质悉数登场：轻盈与复杂、回味与清淡、细腻与浓烈、丰富与纯粹、力量与优雅、凌厉与甜美、成熟与清新、严肃与宁谧。真正优良的雷司令往往清澈、精致，各方面达到美妙平衡，不仅带来果味，还有令人兴奋的矿物味或咸味。

促成这份独特又矛盾的理想状态，原因有很多，包括化学、气候、地形和土壤的方方面面，还有葡萄栽培、酿造，以及德国特有的饮酒传统。曼弗雷德·普朗博士（Dr. Manfred Prüm）和伊贡·慕勒（Egon Müller）都不会在前一款雷司令（往往处于成熟期）空瓶之前新开另一瓶，这当然不是吝啬，而是体现了德国的饮酒文化：葡萄酒不仅能佐餐享用，还可发挥下午茶的功能，有助于餐前开胃或餐后消化。这在摩泽尔河谷（Mosel Valley）和莱茵高产区（Rheingau）尤其如此。

普朗和慕勒的惯例做法也生动体现了雷司令的两大夺目品质：有益健康和饮用寿命长。盲品过程中，我时常感觉他们的葡萄酒比实际年轻二三十年甚至更多。

重振"酷"势

从长期反感到完全热爱，这绝不是我一个人的德国葡萄酒经历。近几年来，德国葡萄酒的命运在德国本土乃至整个世界都得到了极大改善。以德国在世界精品葡萄酒拍卖会上的表现为例。约一个世纪以前，莱茵和摩泽尔产的雷司令位列全球最受追捧葡萄酒

之列，拥有与之匹配的价格。1923 年，一桶（1 000 升）传奇佳酿——鲁尔区（Ruwer）的翠绿绅士山逐粒干葡贵腐精选 1921 年份酒，创下了拍卖成交价的世界纪录，由纽约的华尔道夫饭店以 10 万金马克（约合今天的 330 万美元）竞得。然而，之后的德国葡萄酒却在品质和形象上遭遇严重滑坡，20 世纪 60 年代以前，鲜少在精品葡萄酒的版图上获得关注。

20 世纪 90 年代初开始出现转机，特别是雷司令的提升引人注目。最上乘的那一批（一些是干型酒或口感偏干）开始收获杰出酒评家的高度赞誉，像葡萄酒大师杰西丝·罗宾逊（Jancis Robinson MW）、米歇尔·贝塔纳（Michel Bettane）和大卫·席尔德克内希特（David Schildknecht）等。今天的德国雷司令以干型酒居多，它们中的一些，特别是头等园干葡萄酒（Grosses Gewächs），大多产自德国 VDP 协会的顶级葡萄园，每瓶售价高达 40 ～ 80 欧元。凯勒（Keller）酒庄的大瓶（1.5 升）2009 G-Max 雷司令，在 2010 年 9 月的拍卖成交价为每瓶 4 000 欧元。

令人同样或更印象深刻的是德国甜型葡萄酒的表现。这些葡萄酒独特、酒精度低、甜味自然，保持了一贯的绝妙细腻、一丝不苟和平衡，且依然可以达到令人惊叹的品质；那些出自伊慕 - 沙兹堡（Egon Müller-Scharzhof）、JJ 普朗（JJ Prüm）、马库斯莫里特（Markus Molitor）、罗伯特威尔（Robert Weil）等世界级酒庄之手的贵腐甜酒，每瓶（750 毫升）拍卖价格可达 6 000 欧元。

右图：伊贡·慕勒的伊慕沙兹堡雷司令展现出德国雷司令历经数十年依然不断提升的惊人实力

出口激增

最近的出口数据也能进一步证实雷司令的复兴。在德国最重要的出口市场美国，雷司令的销售尤为喜人，其价格和数量均在2010年上涨了21%。在斯堪的纳维亚半岛，雷司令的销售同样强劲：德国是这里的市场主导者，它的白葡萄酒占据挪威市场33%的份额，受欢迎程度在瑞典和芬兰分列第二、第三位。同时，在中国（2010年的涨幅超60%）、加拿大（15%+）、俄罗斯（11%+）、日本（5%+）和瑞士（29%+）的销量也不断攀升。媒体关注日益积极，加上各国专业人士对其高品质的逐渐认可，相信在未来几年，德国优质葡萄酒的出口将迎来进一步的增长。

德国黑品乐

走红的不仅是雷司令，还有德国黑品乐（Spätburgunder）。细想并不意外：作为全球最大的雷司令生产国（22 601公顷，占全球总量的62.5%），德国还是仅次于法国和美国的全球第三大黑品乐生产国，在全球近79 000公顷的总量中占据14.3%的份额。2011年，在一场由葡萄酒大师蒂姆·阿特金（Tim Atkin MW）和哈米什·安德森（Hamish Anderson）组织的盲品会上，德国黑品乐大放异彩。20款从世界各地（包括勃艮第的3座一级酒庄）精挑细选的黑品乐与19款德国黑品乐展开两轮厮杀，结果排名前十的葡萄酒中，德国占了7款。阿特金说："'世界级'这个词已经被过度使用了，但形容这些品乐酒则恰如其分。"作为勃艮第葡萄酒的爱好者，杰西丝·罗宾逊则表现出稍减几分的热情，她"毫不怀疑德国正在酿造真正优良的黑品乐，可与中等勃艮第红葡萄酒里最好的几款作品相提并论"。她希望举办一场盲品会，让两地最优一较高下。虽然至今未能实现，但这个想法的产生也印证了德国最出色品乐酒的雄心和高品质。

跳舞的熊

相比德国葡萄酒收获的评分、成功和上升的出口数据，更有趣的是独特风格和对德国传统观念的挑战。"最柔软的德国"（Zartestes Deutschland），是瑞士作家托姆·赫尔德（Thom Held）几年前一篇关于德国雷司令的文章的标题。令他颇为好奇的是，德国葡萄酒（他称之为"跳舞的熊"）的特质与德国及德国人的一贯形象截然相反。他认为"德国强大、威严、坚毅"，可到了雷司令这里，却都消失了，而是"精致细腻得令人不可思议，和其他葡萄酒不一样"。在高端波尔多和巴罗洛葡萄酒的传统消费大国瑞士，人们对德国雷司令的喜爱日渐增长。

如今，法国雷司令酿酒商也跨越莱茵河，来到德国备货。因为德国雷司令有着法国人在阿尔萨斯产区（Alsace）绝少实现的轻盈、绝妙与纯粹，这与上一代人的故事截然相反。那时，许多德国雷司令的酿酒商还一心想着揭开阿尔萨斯标杆酒的奥秘，比如婷芭克世家酒庄的圣桅楼葡萄园蕙丝琳白葡萄酒（Maison Trimbach Clos Ste. Hune）。他们还溯多瑙河而上至瓦豪（Wachau）段，那里的普拉格（Prager）、皮赫拉（Pichler）、诺尔（Knoll）、希茨伯格（Hirtzberger）等顶级酒庄酿造的蜥蜴级雷司令（Smaragd Riesling）在20世纪90年代收获赞誉无数。他们好奇而急切地学习打理葡萄园、降低产量的新方法，明白了酒窖里事半功倍的道理。接着，他们驶回莱茵河、内卡河、纳赫河、摩泽尔河，发现自己的产区不仅有美丽而丰富的传

统，还透着股"酷"劲。那时的德国葡萄酒并没有焕然一新，却已经开始实践酿造者对更真实纯粹、更清新、更低酒精度的追求，这和当时兴起于美国的"霞多丽运动"背道而驰。皮埃尔-安东尼·罗瓦尼（Pierre-Antoine Rovani）曾在罗伯特·帕克（Robert Parker）的《葡萄酒倡导家》（*Wine Advocate*）杂志中盛赞德国的2001年份酒，认为它是雷司令尤为杰出的一年。德国国内将这份报告和反响视为雷司令在别处复兴的开始。

雷司令一代

事实上，德国雷司令在精品葡萄酒世界的日渐走俏也不过10年光阴，却积累了不少佳作，雄心勃勃的酿酒商不断涌现。他们中的许多人还不到30岁，却决心以纯正雷司令震撼世界："我们的凉爽气候能赋予雷司令最出色的表现，创造其他地区无法复制的特性。"同时，他们也清楚地明白，如今的成功源自先锋派前辈的不懈努力：赫尔穆特·登霍夫（Helmut Dönhoff）、伯恩哈德·布罗伊尔（Bernhard Breuer）、贝纳德·菲利普（Bernd Philippi）、布克宁·沃夫（Bürklin-Wolf）、哈塞尔巴赫夫妇（Fritz and Agnes Hasselbach）、罗伯特·威尔（Robert Weil）和海曼-鲁文斯坦（Heymann-Löwenstein），他们早已研制出既彰显个性又能完美搭配食物的顶级雷司令干酒。

在如今这一代雄心勃勃的酿酒商看来，培育葡萄酒关乎自我满足，以及对历史文化的传承和保护。尽管地位超然，但雷司令并不是唯一符合他们全球视野的品种。过去10年也见证了人们对其他德国经典的高涨热情，如希瓦娜（Silvaner，尽管种植面积逐年剧减）、灰品乐（Grauburgunder），还有白品乐（Weissburgunder）、黑品乐，在这个生机焕发的国度熠熠生辉。而20世纪七八十年代的明星，如杂交品种米勒-图高、克尔娜，虽然在葡萄园的种植面积渐少，口感却是前所未有的好。米勒-图高年轻、清新、香气明确，但精致、酒精度适中的白葡萄酒，代表如今更年轻的德国，已然成为新经典之作。

德国的葡萄酒并不只走经典风格，你还能找到用长相思、本土葡萄和国际葡萄混酿的红葡萄酒、白中黑香槟等。但这里的每一位酿酒商都坚信，德国经典葡萄酒的复兴并非一时的风尚。正如莱茵黑森产区（Rheinhessen）顶尖酿酒商菲利普·维特曼（Philipp Wittman）所说："只要是用热情和精湛工艺酿造的葡萄酒，就能像波尔多或勃艮第葡萄酒一样经典永驻。"

说到葡萄酒风格，最重要的界定特征是该产区天然的品质潜力而非国际市场的需求。要强调雷司令（或其他任何优质品种）与众不同的特性、独特的文化景观与传承，可从一座葡萄园小块分配的土地开始。产地、酒庄、年份，这组决定风土的三元素如今更多地体现在葡萄酒正标上，次要（和费解）的强制性法律陈述则标注在背面。

德国葡萄酒产业从含糖量到风土的最终回归体现在葡萄园的分级制度（详见第3章）上。能完成这场回归之旅，依靠的是秉承有机原则、一丝不苟的葡萄栽培和放任式的酿酒过程（详见第4章）。如今，德国出品的顶级干酒可以呈现卓越的品质，浓郁强劲的口感能触及的深度至今未知。但是，也有一些酒走了极端，近5年来，一轮新的潮流兴起，更低度、浓郁与凝练感减弱，但更令人愉悦的葡萄酒重获青睐。一些雷司令酿酒商对残留糖的态度也越来越宽容，因为后者有助于酒精度降低至最小值，以达到各方平衡。

雷司令营销

雷司令的营销是一场硬仗，Tong 杂志编辑菲利普·佛海登（Filip Verheyden）在德国雷司令的专题刊上说："因为这意味着要寻找简单的营销手段来推广复杂的概念。" 那么，究竟有多不容易呢？马丁·特希（Martin Tesch）是一位来自纳赫产区的酿酒商，他的营销一向简单明了，几乎不用文字。他也几乎只生产雷司令干酒，5 款单一园酒分别使用不同颜色的瓶帽和印有不同图像的酒标，这样一来找酒就变得容易，不必非得阅读标签。特希还是获得红点设计大奖（最佳视觉传达）的首位德国葡萄酒酿造商。几年后，他出版了一本书，没有文字，只有一系列黑白照片记录人们享用美酒的情景：《享用雷司令的人 - 卷一》（*Riesling People Vol.1.*）。2011 年又出版了卷二，随书 CD 里有来自侍酒师的有声版葡萄酒介绍，有音乐家、葡萄酒记者就不插电音乐和拔塞雷司令之间关系的探讨，还有两三首歌曲，包括一首 "Riesling is Cool, Fuck Chardonnay"（雷司令很酷，去你的霞多丽）。

其他酿酒商则采用了一条更复杂的工艺路线。摩泽尔酿酒商，如莱因哈特·海曼 - 鲁文斯坦（Reinhard Heymann-Löwenstein）和克莱·布施（Clemens Busch）根据板岩的不同颜色将传统独立葡萄园（Einzellagen）划分为数块子产区。于是，原可以温宁根乌伦（Winninger Uhlen）之名面世的葡萄酒，如今按葡萄园区块划分为巴鲁夫瑟莱（Blaufüsser Lay）、劳巴赫（Laubach）和罗斯莱（Roth

Lay），原来的普德荷马利莱（Pündericher Marienlay）则成了法莱（Fahrlay）、法肯莱（Falkenlay）和罗森法德（Rothenpfad）。

特希的这种清晰直接的视觉传达和与之对应的干烈质朴的葡萄酒风格，让从不对葡萄酒感兴趣的饮酒人，开始关注雷司令和德国葡萄酒，老少皆有。今天，德国葡萄酒出现在原本仅提供啤酒和威士忌的酒吧、俱乐部，甚至在摇滚音乐节被尽情饮用，摇滚、朋克乐队也开始创作歌曲向德国雷司令致敬。

柏林，这座没有葡萄藤的德国首都，如今已成为德国葡萄酒的大本营。勃兰登堡霍夫豪华酒店（Brandenburger Hof）旗下的双轮战车餐厅（Quadriga）设有专门的德国葡萄酒酒单，许多葡萄酒专营店里也经营各式各样的德国葡萄酒。相比 10 年前，完全是另一副光景。在这里，几乎每个周末都会举办德国葡萄酒的展会或以德国雷司令为主题的派对。柏林的鲁兹酒吧（Rutz Wine Bar）是德国葡萄酒的一处热门地点，还有聚友阁中餐馆（Hot Spot），供应以摩泽尔为主产区的成熟雷司令来搭配传统中式菜肴。每年 9 月，VDP 协会都会在旧西方绘画杰作掩映下的柏林美术馆（Gemädegalerie）举行为期两天的展会，推介百余位酿酒商的葡萄酒产品。不仅如此，你还能在这座城市找到萨克森（Saxony）和萨勒 - 温斯图特（Saale-Unstrut）产区的标杆酒。要知道，这些葡萄酒如此罕见，要在德雷斯顿当场提货可比在柏林困难得多。如今，雷司令和德国葡萄酒的前行之路如此通畅，几乎没有倒退的可能。

2 │ 历史、文化和市场

从含糖量到风土

幸运的是，我们能找到不少关于德国葡萄酒历史的优秀介绍，包括休·约翰逊的作品《葡萄酒的故事》(*Story of Wine*)。精品葡萄酒的培育是本篇的重点，我会着重介绍一些行业事件和动向，它们对今天的德国酿酒工艺影响至深，也造就了各种眼花缭乱，至今还在勉力调和的葡萄酒风格与风土。

起因：35 000 名军团士兵的渴求

德国的酿酒历史要从罗马人翻越阿尔卑斯山之后说起。彼时，这个扩张中的帝国在莱茵河左侧安营扎寨，建立奥古斯塔 - 特莱维尔乌姆（特里尔，公元前 16 年）、科隆尼亚 - 阿格里皮内西姆（科隆，50 年）等城。但很快，一个严重的问题出现了：如何满足 35 000 名军团士兵每日对葡萄酒的渴求呢？显然，在当地种植葡萄最为实际。尤其是沿着莱茵河和摩泽尔河，陡峭的斜坡和板岩土壤似乎十分适合偏北地区的葡萄栽培。但到了 1 世纪后期，图密善皇帝（Emperor Domitian）为了保护本国出口，禁止葡萄栽培延伸至阿尔卑斯山以北的地区。直至 280 年，普罗布斯皇帝（Emperor Probus）废除

了这一法令，葡萄栽培才得以成功引入德国。

5 世纪，莱茵河、摩泽尔河、阿尔河（Ahr）、耐卡河（Neckar）、美茵河（Main）的葡萄种植版图在历经日耳曼抢掠、罗马帝国瓦解和迁移期的动荡后幸免于难，甚至日耳曼部落也在 3 ～ 5 世纪开展了葡萄栽培。其中，法兰克人在莱茵河右岸发展葡萄种植，那里的富尔达本笃会修道院（Benedictine abbey of Fulda）便是之后数百年首屈一指的葡萄酒生产商。

查理曼大帝、修士和不变的渴求

在查理曼大帝（748 ～ 814）时期，葡萄栽培成为这座位于比利牛斯和喀尔巴阡山脉之间的法兰克王国重要的经济支柱。这位富有远见的法兰克王、罗马帝国的君主，为葡萄栽培的传播铺平了道路。他不仅管理葡萄栽培和酒的销售，还规范葡萄酒的酿造。他的一些法令在如今的欧盟立法中依旧可以清楚地看到。

而在中世纪的其余时期，推动优质酿酒工艺发展最重要的动力来自修士。本笃会将改进葡萄栽培和酿酒工艺的触角伸向整个欧

洲；在那里，葡萄酒成为大宗食品，还带有哲学和宗教的色彩。西多会则让德国成为欧洲最大的葡萄酒产区国之一，由于酿造的数量超出饮用消耗的量，他们就将剩余的葡萄酒出售。莱茵河的存在，让科隆成了汉莎同盟（Hanseatic League，历史上德意志北部城市之间形成的商业、政治联盟）最重要的葡萄酒市场，而莱茵葡萄酒也得以销往整个北欧。直至 17 世纪的到来，葡萄酒才成为德国人民眼中的大众饮品（Volksgetränk）。

葡萄种植业的衰败

对于葡萄种植业来说，14 ~ 17 世纪是一段艰难的时期。自然灾害，如恶劣天气、作物歉收、饥荒等造成的死亡和破坏，甚至早于黑死病。约 1348 年，黑死病爆发，进一步断送了欧洲 1/3 ~ 2/3 的人口，随之而来的是宗教、社会、经济上的巨大动荡。其中，维尔茨堡公爵主教尤利斯·埃希特·冯·梅斯普尔布伦（Julius Echter von Mespelbrunn）在 1579 年创建的朱理亚医院酒庄（Juliusspital）是一大亮点。位于伊普霍芬（Iphofen）小镇的尤利斯 - 埃希特山如今

是弗兰肯地区（Franken）最具盛名的特级葡萄园之一，定期出产德国最优质的雷司令和希瓦娜葡萄酒。

从 16 世纪后半叶起，葡萄的种植版图开始向南缩减。酿酒葡萄的成熟期太短，导致葡萄酒的口感酸涩单薄。即使是产自摩泽尔、莱茵产区保护地的葡萄酒，也难喝了很多年。

截至 1600 年左右，德国至少还有约 30 万公顷的土地种植葡萄，这个数据相当于今天的 3 倍。但随后，"三十年战争"（1618 ~ 1648）和"九年战争"（1688 ~ 1697）爆发，摧毁自然景观、扼杀鲜活生命，让德国的发展进程倒退了数十年。葡萄种植业进一步衰落，最终从巴伐利亚州、德国北部、东部和中部彻底消失。

新曙光：发现雷司令

到了 18 世纪，莱茵河及其支流沿岸开始重新栽培葡萄，只是葡萄酒不再是大众饮品，它成了有钱人专享的特权。神职与世俗

下图： 位于维尔茨堡朱理亚医院酒庄的一处古老石刻（1579 年），为葡萄栽培在德国的悠久历史证言

上图：位于约翰尼斯堡庄园的一处雕像，纪念第一个过熟（腐烂）葡萄的晚摘年份（1775 年）

贵族再一次控制葡萄种植业，据点遍布特里尔（Trier）、科布伦茨（Koblenz）、美茵茨（Mainz）、沃尔姆斯（Worms）、施佩耶尔（Speyer）、曼海姆（Mannheim）、维尔茨堡（Würzburg）、班贝格（Bamberg）和德累斯顿（Dresden）。葡萄酒的重要性不仅体现在其圣酒（Messwein）和贵重出口商品的身份，还因为它是巴洛克宫廷文化不可或缺的一部分。他们推行严格措施，以确保葡萄酒品质出众。最重要的是，葡萄藤重沿山坡而上，回归贫瘠多石的土壤，平坦肥沃的土地则交还给粮食作物。

早在 15 世纪，埃伯巴赫修道院（莱茵高区）的西多会修士就发现雷司令非常适合陡峭的山坡和德国悠长缓慢的生长季。这个晚熟品种尤为耐寒，相较其他品种更能承受气候的变幻莫测。因此，从 16 世纪末开始，它被越来越多地种植于莱茵河、摩泽尔河沿岸和沃尔姆斯附近。1672 年，美茵茨圣克莱拉修道院（St. Clara）院长下令，用雷司令替换莱茵高区现有的（主要是红葡萄）品种。一个世纪之后，朝南的约翰尼斯堡庄园（Schloss Johannisberger）中种植了超过 500 万株的雷司令葡萄藤。埃伯巴赫修道院一如既往地支持雷司令；1760 年，他们在斯坦伯格园（Steinberg）中筑墙护藤，宛如勃艮第的伏旧园（Clos de Vougeot）。

莱茵高一时成为雷司令的代名词，而这个品种也在 17 ~ 18 世纪得到广泛种植，遍布德国，只在几处地区风头稍减：希瓦娜葡萄在维尔茨堡的地位与之比肩、甚至更胜一筹；古德特（Gutedel）／夏瑟拉（Chasselas）葡萄横扫马克格拉菲兰德（Markgräflerland）；而在巴登（Baden），黑品乐葡萄（Blauer Spätburgunder／Pinot Noir）则成为德国首个分级品种。凭借在主产区及其他不同地区的独特表现，雷司令开创了德国葡萄酒的多样性与个性化。截至 1971 年，全国共发展了 3 万座获得认可的葡萄园。

直至 18 世纪后期，人们才开始通过村庄或偶尔用葡萄园来区分葡萄酒的品质。彼时，另一种葡萄酒的分级方法已经出现，即挑选法（selection）。

创造差异：晚摘酒、精选酒和冰酒

雷司令等高贵品种若在凉 10 月晚熟，配合湿凉的酒窖条件，自带甜味的葡萄汁未必尽数转化为酒精，而是会在酒中留下一些残糖。待春夏来临，某些葡萄酒的口感变得丰厚动人，带一丝不同寻常却令人愉悦的甜味。在那个年代里，甜美顺滑的口感很是走俏；其中的精品更是被收入一座名为 "Cabinet" 的酒窖，自 1825 年起以 "Cabinet 葡萄酒" 之名获得关注（也就是我们如今所说的 "珍藏"）。

酿酒师欧文·伯德曾在著作《莱茵的黄金》（*Rheingold*）一书中推断道："10 月收割的葡萄必定感染葡萄孢菌（Botrytis cinerea）。"事实上，在 18 世纪中叶以前，莱茵高产区就专门采用过熟、腐烂的葡萄酿酒。而带来进一步细化的正是晚摘酒（Spätlese）的出现，即一种品质出色的晚收葡萄酒，常伴有充分成熟或腐烂的葡萄带来的残糖。1775 年是大家普遍认为的晚摘酒的首个年份，那一年的约翰尼斯堡庄园葡萄晚收。虽然是腐烂的葡萄，但成品葡萄酒的出众不凡让晚摘酒很快获得认可，成为合法的葡萄酒风格。

更深层次的细分来自 19 世纪，不仅区分腐烂葡萄和健康葡萄，还将单颗腐烂、贵腐果实和果串分开，类似今天的

逐串精选酒（Auslese）、逐粒贵腐精选酒（Beerenauslese）和逐粒干葡贵腐精选酒（Trockenbeerenauslese）。从 1820 年起，约翰尼斯堡庄园用不同颜色的水漆封印标示葡萄酒的不同风格。1830 年起，酒窖主人在酒标上的签名保证酒产地的真实性。1858 年又新增一个类别——冰酒（Eiswein），由冰冻葡萄酿制而成。约翰尼斯堡庄园确立的葡萄酒风格品类是 120 多年后德国葡萄酒法的原型。

关税同盟：竞争与提升

关税及各项税务在 17、18 世纪极大地促进了葡萄酒品质的改善，更大的提升则发生于 19 世纪。德国关税同盟（Deutscher Zollverein）从 1834 年起统一课税，令最优质的葡萄酒得以在同盟国之间自由流通。这增加了葡萄酒大区之间的竞争，品质越好则定价越高。莱茵高、莱茵黑森、法尔兹（Pfalz）和（19 世纪后半叶开始的）摩泽尔产区，竞争带来的好处就是上等的好酒。在 19 世纪中叶以前，德国葡萄酒是深受欧洲宫廷青睐的白葡萄酒；直至 20 世纪 20 年代后期，德国雷司令都是享誉世界的名酒，价格与最好的香槟酒、波尔多酒比肩。

宣告差异：19 世纪的分级

19 世纪后半叶，葡萄园的地位开始突显。消费者显然将葡萄酒的某些特点与品质和指定葡萄园挂上了钩，尽管当时的大多数葡萄酒还是以村庄或产区之名售卖。只有那些经营多年的著名葡萄园，如莱茵高的斯坦伯格园（Steinberger）、法尔兹的科辛斯图克园（Kirchenstück）、萨尔的沙兹堡园（Scharzhofberg）或维尔茨堡的施泰因园

（Steinwein），其名字才会出现在酒标上。而即使在那时，葡萄园的精确界定也仅从 1909 年才开始。

税收记录创造了对风土的有效评定，葡萄园的首次分级也应运而生。1867 年，首批以葡萄园收益潜力为依据的地图在莱茵高绘制而成；紧接着是摩泽尔 - 萨尔河（1868 年，特里尔区）、摩泽尔的科布伦茨区（1898 年）、纳赫河（1900 年），以及莱茵河的宾格布鲁克（Bingerbrück）至波恩（Bonn）段包括阿尔河（1902 年 /1904 年）。所有这些具有历史意义的地图，以及法尔兹的 1998 年中哈特区（Mittelhaardt）分级（以 1828 年版的土壤评估和分级草稿为基础），为 VDP 协会进展中的葡萄园分级工作贡献了重要力量。

上图：VDP 是由德国约 200 家最好的庄园组成的协会，其荣誉标志也可在酒标上找到

天然纯酒（Naturreiner Wein）：VDP 协会的起步

自 19 世纪后半叶起，摩泽尔、法尔兹和莱茵高产区最优质的葡萄酒成为拍卖会上的常客，且时常拍出惊人的高价。生产拍卖级葡萄酒的庄园数量越多，竞争就越激烈，对品质的追求也越迫切。这里的品质，即天然葡萄酒（Naturwein）的概念：产自特定葡萄园，酿造过程不改良原料、不增酒精度、不加糖分，也不和其他葡萄酒混酿。今天，德国葡萄酒的理念依然是基于这个设想：葡萄酒的品质主要看葡萄天然糖分的发酵。天然葡萄酒的口号是针对人工葡萄酒（Kunstwein）的概念提出的，1910 年还促成创办了天然葡萄酒拍卖行协会（Verband Deutscher Naturweinversteigerer），也就是 VDP 协会的前身。当时的想法就是团结德国最优秀的葡萄酒庄园，它们的葡萄园每年都能产出品质卓越的天然葡萄酒。

精英的毁灭：德国葡萄酒法

在德国，每一位酿酒商都有同等的机会令产品达到法律认可的最高品质，并在酒标上注明这一点——无论产自何地、用哪些品种，或是酿造过程如何。"顶级德国葡萄酒的诞生，不只因为它们产自某地或由知名酿酒商装瓶。"Deutsches Weininstitut 网站（简称 DWI，即德国葡萄酒协会）骄傲宣称："没有哪个品牌或哪座葡萄园拥有生产优质葡萄酒的专属特权，瓶子里装载过硬品质才是最重要的。"

生效于 1971 年的《德国葡萄酒法》第 5 版，将德国葡萄酒的品质先是分为 4 类、后分为 9 类，主要依据为葡萄汁的潜在酒精度。因此，葡萄采摘时的含糖量是法律上衡量品质的关键标准（越高越好）；与原产地、产量、品种、栽培和酿造技术无关。

尽管所有候选的葡萄酒都经历化学检测和感官盲品，依然有总数的 98% 被列为"优质葡萄酒"（Qualitätswein），甚至更高级别的"特别优质酒"（Prädikatswein）。这正是 1971 年德国葡萄酒法确立的意图：通过与其他国家葡萄酒的比较，彰显本国葡萄酒的卓越品质，从而确保销量。另外，该法还意在支持那些不赚钱的产区。

然而，却导致葡萄酒的品质变得随意。它被简化为技术层面的无瑕疵，并得到宽容认可。每瓶葡萄酒都有地理标识，但原产地与品质之间的关系并未获得官方认定。原产地名称保护（PDO）体系并不存在，事实上，在德国葡萄酒法下，它们毫无关联。

该法是对原产地、个性和竞争的否定。1971 年，3 万座已获认可的单一园（SV）减少至大约 2 700 座独立葡萄园（Einzellagen）和 1 300 处葡萄园集合（Grosslagen）。年代久远的葡萄园被取消，并捆绑小葡萄园组成大型的葡萄园集合；小葡萄园加入从前的顶级独立葡萄园，后者被荒谬扩建。由于葡萄园集合的名字听起来像独立葡萄园的精英版，但事实却正好相反，而几乎所有的德国葡萄酒都被评为了"优质葡萄酒"，因此消费者根本无法从酒标推断葡萄酒的真实品质。

从含糖量到风土：VDP 协会的分级

自 20 世纪 80 年代中叶起，VDP 协会的一些主要成员一直致力于对抗 1971 年葡萄酒法的消极影响，欧文·伯德曾恰如其分地戏称其为"香肠法（wurst law）"。他们怀抱 3 个目的：一是让最优秀的德国葡萄园重获它们应得的荣誉；二是提升品质，为伟大的德国干型葡萄酒挽回声誉；三是用天然残糖量重新定义葡萄酒的传统判定体系。而风土则是品质界定最重要的因素，VDP 协会现任主席史蒂芬·克里斯曼（Steffen Christmann）说："只有与葡萄园和谐相处的葡萄藤孕育的果实，才能产出清晰反映土壤气候的真正伟大、独特的葡萄酒。"

1993 年，VDP 协会首次考虑自己做分级，而与它同时期发展的卡尔特酒庄联合会（Charta wine estates，一个位于莱茵高地区的独立组织，还包括 VDP 协会的部分成员），此时已着手制定自己的分级制度，后在 1999 年成为黑森州的法律，但不适用于其他州或地区。一级园干酒（Erstes Gewächs）依然是莱茵高区独有的产区术语。

2001 年，VDP 协会最终商定确认了自己的分级，即第 25 页描述的三层模型，随后从 2012 年起改为勃艮第式四层模型。随着头等园（Grosse Lage）、一级园（Erste Lage）和头等园干葡萄酒（Grosses Gewächs）概念的推行，德国的酿酒精英为德国葡萄酒重新赢得了荣誉。这尤其要归功于雷司令，一个得益于德国多样化土壤和地形条件的品种。自 2006 年起，摩泽尔甜葡萄酒还贴上了佳酿园（crus）标签（即一级园或未来的头等园），因为原本的 VDP 分级制度从根本上不是给葡萄园分级，而是想建立德国干葡萄酒的威望等级——头等园干酒。自此，这也成为摩泽尔产区的一个突出类别。尽管那里最具盛名的依然是花香四溢、散发着无敌魅力的轻盈葡萄酒，但越来越多的酿酒商正试着提供产自葡萄园最好区域的各种类型的葡萄酒，以期满足所有人的需求。

如今，德国当局正尝试着推行另一种模式，设想是葡萄酒的产地区域越小，预期的品质就越高。终结德国似是而非的葡萄酒"特殊之路（Sonderweg）"的日子已经来临。

3 | 分级、风格和口感

了解德国葡萄酒

了解德国葡萄酒并非易事，对于消费者、专业人士，甚至酿造者本人都是如此。就算你想就此打住不再往下读，只要记住 3 条非常简单的原则，大体也能买到不错的德国优质酒。第一，它必须是雷司令（无论是否产自最好区域）；第二，由顶级酿酒商装瓶；第三，采购自任何一家由德国酒拥趸经营的葡萄酒商店。

干型、半甜或甜型

该问题仅适用于葡萄的品种，以及高酸度与高成熟度并存的葡萄酒风格，如雷司令。与德国优质的希瓦娜、白品乐、灰品乐或红葡萄酒无关。德国产的葡萄酒大多口感偏干，即使雷司令也是如此。出口市场上的德国雷司令很少为干型，但特别优质酒（Prädikatswein）中的天然甜味，还是被酸度和矿物、盐辣味很好地平衡。其中，珍藏酒和晚摘酒因受残留糖分的影响，常带来有别于甜味的有趣口感，酒精度处于令人愉悦的低位。

根据欧盟的标签法规，以下术语可用于描述葡萄酒的口感。

- 干型（Trocken）：残糖量不高于 4 克 / 升，如果与适量酸度平衡，则最高可升至 9 克 / 升；配比：总酸度（TA）低于残糖量的值必须小于 2 克 / 升。
- 半干（Halbtrocken）：残糖量在 9 ~ 12 克 / 升，如果与适量酸度平衡，则最高可升至 18 克 / 升；配比：总酸度低于残糖量的值必须小于 10 克 / 升。
- 半甜（Lieblich）：残糖量在 18 ~ 45 克 / 升。
- 甜型（Süss）：残糖量高于 45 克 / 升。

从 2009 年 8 月起，允许有 1 克 / 升的上下波动。

由于半甜型、甜型葡萄酒的质量被许多消费者视为低于干型葡萄酒，"lieblich" 和 "süss" 字样的使用率并不高；"halbtrocken" 字样也甚少出现。越来越受到酿酒商青睐的是一个获得认可的非官方术语 "feinherb"（字面意思：细腻 - 干），描述从分析数据上属于半干型或半甜型，但口感相当干的葡萄酒。

影响葡萄酒口感的不仅仅是糖的含量，还有其他因素控制着葡萄酒的甜味，首当其冲的就是酸度和酒精含量。一款来自摩泽尔或莱茵高产区的甜葡萄酒，可以在高酸度的影响下或在 10 年甚至更久的陈酿后令口感转干。相反，一款干葡萄酒也能因为高酒精含量的作用令口感转甜。任何残糖量超过 45 克 / 升的葡萄酒都会被认定为甜型酒，而上好的甜葡萄酒，如逐粒贵腐精选酒、逐粒干葡贵腐精选酒、冰酒和苏玳甜白（Sauternes），其残糖量还远高于这个值，只是最终都在酸度的作用下达到了完美的平衡。德国最好、最受追捧的葡萄酒是来自摩泽尔、纳赫或莱茵高产区的雷司令珍藏酒和晚摘酒，有许多因为抑制发酵而获得残留糖分。当残留糖、酸度、低含量的酒精和高含量的干浸出物达到激动人心的平衡，便赋予了这些葡萄酒美味、易消化和寿命长的特点。因此，关于葡萄酒的品质，相比所谓的高数值，更重要的还是各方的平衡与综合。这一点适用的不仅是雷司令这一个品种。

因此，如果一瓶德国葡萄酒的标签上有 "trocken" 字样，就一定呈现真正干的口感。如果一瓶葡萄酒没有标注甜度，那它就有可能不是干型酒，也许含有未发酵的糖分或人工添加的酥蕊渍（未发酵的葡萄汁）。如果你偏爱天然甜味，可以找一瓶特

上图： 用折射计测定葡萄中的糖分含量，这事关葡萄酒的合法地位，意义重大

别优质酒（Prädikatswein），也就是从前人们口中的"带头衔的优质酒"（QmP）。不过切记：带头衔的葡萄酒，口感可以干、半干、半甜或甜。因此，如果一款珍藏、晚摘或精选酒是干型的，其头衔后就会有"trocken"字样。若仅有头衔，就不会呈现真正干的口感，从半干型到甜型都有可能。如果酒精含量更接近11%或12%，那么从数据分析上看，它是半干型葡萄酒，却依然带有相当干的口感；若酒精度低于11%，口感上则可能更富果味或更甜。总之，就是几乎包含所有可能。但只要是瓶好酒，任何糖分都会被酸度、矿物味和酒体平衡，适合愉快地饮用。

德国品质等级：所有理论

正如前文所说，在德国，几乎所有的"优质葡萄酒"就是无瑕疵葡萄酒的意思。尽管如此，德国还是设有两个基础品质类别和两个较高品质类别。

德国葡萄酒（Deutscher Wein）

2009年8月，该新类别取代原有的"德国日常餐酒"（Tafelwein）。这种无指定命名的葡萄酒以受核准地区和品种的德国葡萄为原料，可能标示葡萄品种和年份。其品质要求低于优质葡萄酒和特别优质葡萄酒。

德国地区餐酒（Landwein）

德国的地区餐酒是具有地理标识的葡萄酒之一。它应该是（且大多是）一种呈现产区典型特色的简单葡萄酒，而较为复杂的葡萄酒则是一些被降级的品质更高的葡萄酒，如巴登/萨克森地区餐酒（Badischer/Sächsischer Landwein）。作为一款德国地区餐酒，它一定是干型或半干型的葡萄酒，且必须产自德国的26个指定餐酒地区。

德国优质葡萄酒（Qualitätswein bestimmter Anbaugebiete，简称QbA）

这一等级的葡萄酒，选用的葡萄必须来

自德国的 13 个指定产区。葡萄果实的含糖量至少为 51 ~ 72°，葡萄酒的酒精度则至少为 7%。酿酒过程中允许加糖。虽然大多数的德国葡萄酒（57% ~ 75%）都属于这一等级，其中的品质却是高下不一，有"圣母之乳"（Liebfrauenmilch）之类质量平平的酒，也有 VDP 协会成员极出众的头等园干葡萄酒。

德国特别优质酒（Prädikatswein, 原名 QmP）

从最低的珍藏到最高的逐粒干葡贵腐精选，这一等级的葡萄酒选用采摘时含糖量较高的葡萄，酿酒过程禁止加糖。含糖量的最低值随品种和地区的不同而变化。该等级下共细分 6 个级别，原本以品质高低为依据，如今也可视作风格上的区分。

珍藏（Kabinett） 葡萄的含糖量至少为 67°；成品酒的酒精度至少为 7%。遗憾的是，由于未限定酒精度的最高值，原本轻盈、细腻、令人愉悦的酒，常常只是降了级的晚摘（Spätlese）甚至逐串精选（Auslese），酒精度达 13% 或更高。珍藏酒可涵盖干型到甜型，年轻期的口感新鲜清爽。而来自摩泽尔、纳赫或莱茵高区的上等雷司令则可以在 10 年、甚至 20 年后呈现出令人惊讶的复杂口感。

晚摘（Spätlese） 葡萄的含糖量至少为 76°；成品酒的酒精度至少为 7%；仅以完全成熟的晚摘葡萄为酿酒原料。一款经典的德国雷司令晚摘酒，果味醇厚、口感柔顺，可半甜或甜，酒精度仅为 8% ~ 10%。它在装瓶后的 1 ~ 2 年便能呈现诱人口感，并在采收后的 10 年再次散发迷人的气质。如果平衡度和浓度合适，可陈酿 20 年以上。当果味随时间的推移逐渐淡去，矿物味则开始主导一款成熟晚摘酒的口感，比实际更显干烈。不

过，如今也有许多干型和半干型晚摘酒，质量上乘的同时，酒精含量也较高。

逐串精选（Auslese） 葡萄的含糖量需至少为 83°；成品酒的酒精度至少为 7%；只以完全成熟或感染贵腐霉的葡萄为酿酒原料。尽管也有用健康或轻微感染的葡萄酿成干型、半干型和半甜型酒，但一款经典逐串精选酒的特点是浓甜又不失轻盈，刺激得恰到好处。当许多品质出众的逐串精选酒还在以餐酒身份示人时，甜点酒开始走向更高的等级。1971 年之前，逐串精选酒被分为三等：优（fine）、更优（finer）和最优（finest），最后一级浓度最好也最精妙。此后，由于不再允许此类区分，酿酒商就用星标（*、** 或 ***）或金色瓶帽和金色长瓶帽来标示自己的分级。在逐串精选酒中，有不少是降级后的逐粒贵腐精选酒。继雷司令之后，希瓦娜、雷司兰尼（Rieslaner）、施埃博（Scheurebe）、穆斯卡特（Muskateller）和塔明娜（Traminer）葡萄，也能酿造出品质优异的逐串精选酒。

逐粒贵腐精选（Beerenauslese，简称 BA） 葡萄的含糖量至少为 110°；成品酒的酒精度至少为 5.5%。它是用感染贵腐霉或至少过熟的葡萄果实酿造的贵腐甜酒，呈现高浓度和浓烈的风味。有时候，某些干型葡萄酒虽出自符合 BA 级的葡萄果实和含糖量，仍需降级至逐串精选或 QbA 级。要酿造品质最好的逐粒贵腐精选酒，选用的葡萄品种和逐串精选酒相同。

逐粒干葡贵腐精选（Trockenbeerenauslese，简称 TBA） 葡萄的含糖量至少为 150°；成品酒的酒精度至少为 5.5%；选用大半干枯的贵腐霉感染果实（或者在特殊情况下，干枯的过熟果实）为酿酒原料。它可以跻身全球最优质、最低度甜葡萄酒的行列。在 2003 年

和 2011 年，诞生了含糖量超过 300° 的逐粒干葡贵腐精选酒。一款伟大的 TBA 葡萄酒，就是一部超凡不朽的杰作。即使是诸如 1959 年这样的低酸年份，也能在今日收获辉煌的口感。1921 年则创造了德国葡萄酒历史上的不少佳作（不只是 TBA）。另一个伟大的贵腐年份是 1893 年，而且据说至今的表现依旧出色，可惜我还没有这个荣幸获得品尝它的机会。

冰酒（Eiswein） 葡萄的含糖量至少为 110°；成品酒的酒精度至少为 5.5%；选用的葡萄在冰冻状态下采摘和压榨（通常温度需要在 −7℃ 或以下）。有时在新一年采摘，但必须按生长季的年份装瓶。雷司令是迄今为止最好的冰酒品种，它可以给葡萄酒带来精准的口感和深刻的酸度。

关于原产地

　　德国共有 13 个葡萄酒大区（大部分会在后文中介绍），每个大区被细分为几个次产区（Bereiche），次产区再被细分为几个葡萄园集合（Grosslagen），后者又由独立葡萄园（Einzellagen）组成。地点标识很少能提供关于葡萄酒特点或品质（必须是"有代表性的"）的有效信息。到目前为止，葡萄园地点（Lage）还不是一个受保护的原产地名称。一个地点可以是一座独立葡萄园（从 5 公顷到 200 公顷不等）或一处葡萄园集合，联合数个独立葡萄园的大型集成区，总面积超过 1 000 公顷。想要分辨最好的葡萄酒，你必须汲取经验，留意媒体评论、酒商推荐，或是观察一下酒的瓶帽：如果有一个风格化的老鹰标志，那表明这瓶葡萄酒出自 VDP 协会成员之手，你便能确认它的品质，就算不是异常出色，也会是相当不错的。当然，也有非

上图：在马库斯·摩立特酒庄，完全干枯、感染贵腐霉的葡萄被用来酿造非凡的逐粒干葡贵腐精选酒

VDP 协会会员出产的优质葡萄酒，只是鉴别工作会困难许多。

VDP 协会的一级园、头等园和头等园干葡萄酒

　　如前文所述，VDP 和其他酿酒商协会已建立质量的金字塔体系，与葡萄酒品质相关联的是产地和风味，而非葡萄的含糖量。直至 2012 年 1 月，德国最著名的金字塔体系是一个基于 VDP 葡萄园分级建立的三层模型。

1. **基层：大区级（Gutswein）** 酒庄装瓶（指那些由酒庄自有葡萄园或管理的葡萄园的葡萄酿制的葡萄酒），上游品质，呈现产区特色。

2. **中层：村庄级（Ortswein）** 产自村庄级葡萄园的葡萄酒，或是展现鲜明个性和傲人品质的基岩葡萄酒，如"石英岩酒"（Quarzit）。

3. **顶层：VDP 一级园（VDP Erste Lage）** 产自最高级别的葡萄园。一级园葡萄酒，无

论是否带前文提及的风格头衔，从半干型酒到贵腐甜酒都有可能；一级园干葡萄酒（Erste Gewächs，仅莱茵高产区）或 VDP 头等园干葡萄酒（VDP Grosse Gewächs，其余产区），顾名思义，就只是干型酒。在每片产区，都明确规定了受许可的葡萄品种。例如，摩泽尔产区只用 VDP 一级园的雷司令葡萄酿酒，符腾堡产区（Württemberg）的允许品种则更多些：雷司令、霞多丽和灰品乐用于酿造白葡萄酒；黑品乐和林伯格（Lemberger）用于酿造红葡萄酒。在弗兰肯产区，除了有希瓦娜、没有林伯格外，上述的其他品种也都获得允许。

但是，该模型的中层并未体现太大差别，"VDP 一级园"、"一级园干酒"和"VDP 头等园干酒"等术语也很容易造成混淆。因此，在文本撰写时，该模型已于 2012 年扩展为更清晰、更接近勃艮第风格的四层模型，用"VDP 一级园"指代 VDP 一级园的葡萄酒产品，无风格头衔的是干型酒，有风格头衔的是半干型酒；用"VDP 头等园"指代 VDP 头等园的葡萄酒产品，无头衔的是干型酒，有头衔的是半干型酒。

第一层：大区级（Gutswein） 酒庄装瓶的优质葡萄酒或干型和半干型的特别优质酒。

第二层：村庄级（Ortswein） 体现村庄特色的干型优质酒或半干型特别优质酒。

第三层：VDP 一级园（VDP Erste Lage，可选） 产自一级园的葡萄酒。这个级别在原模型中属于最高层，在这里是第二高层，但原本的该级别葡萄园并未降级，只是更名为头等园（Grosse Lage），不要与葡萄园集合（Grosslage）混淆。新的一级园将包含所有或多数前中层级的葡萄园。2012 年 4 月，关于 VDP 一级园葡萄酒的识别问题依旧不太明朗，毕竟"一级园干酒"一直是莱茵高产区的专属术语。他们将"一级园干酒"依法更名为"头等园干酒"，最糟的状况可能演变成"头等园干酒"这个术语，又只能在莱茵高产区使用。

第四层：VDP 头等园（VDP Grosse Lage） 产自最高级别的葡萄园。这些葡萄园就是原模型中的一级园，仅名字改变而已。来自头等园的干型葡萄酒被称为"VDP 头等园干酒"；半干型或甜型葡萄酒则被标记为"VDP 头等园"，有（无）风格头衔。2012 年 4 月，莱茵高产区的"一级园干酒（Erste Gewächs）"还不知何去何从。有迹象表明，这些顶级的葡萄酒将会以"VDP 头等园雷司令/黑品乐干型酒（Grosse Lage trocken）"的名字问世，而一级园的葡萄酒则会以"VDP 一级园雷司令/黑品乐干型酒（Erste Lage trocken）"的身份面向市场。

即使在对此模型尽数采纳的产区，也不会强迫酿酒商使用全部 4 个等级。虽然，VDP 协会保留了"珍藏级干型酒"（Kabinett trocken）以认可德国低度葡萄酒的传统；它将依然是莱茵高产区的一个重要类别，但是，"晚摘级干型酒"（Spätlese trocken）和"精选级干型酒"（Auslese trocken）还是应该并入村庄级、一级园或头等园的分类等级。

新四层模型的实现还需一段时日，但这已经表明，德国的葡萄酒精英们有能力、也有决心解开这个由 1971 年德国葡萄酒法留下的世纪难题。

4 | 地理、气候、土壤和品种

土地形势

德国和法国波尔多、勃艮第或西班牙里奥哈不同，它不是一个葡萄酒地区，而是一个葡萄酒生产国。位于北纬 50 度的德国，是全球最北端的葡萄酒国家之一。因主要受墨西哥湾暖流和它对西欧气候的调节作用影响，葡萄才能在这遥远的北部成熟。

德国北临北海和波罗的海，一路延伸至康斯坦茨湖和阿尔卑斯山，共 13 个葡萄酒大区，全部面临着偏南地区完全陌生的气候和天气挑战。植物生长时，在德国收获的光照远远少于南边的葡萄酒产区。平均气温较低，5 月和 11 月的霜冻威胁着葡萄藤的生长，还能找到比德国更多雨的葡萄酒国家吗？大多数的降水发生在夏季，到了秋季，雨水普遍减少。然而，腐烂的问题总是萦绕在德国葡萄种植户的脑海中，如果不加以保护，也常常降临到他们的葡萄上。

简单来说，德国在葡萄栽培上面临诸多气候限制，可又往往是在这里，许多最优秀的葡萄酒应运而生。

在德国，温度适中的夏季、有利植物生长的降水量，以及漫长的成熟期，让葡萄获得了浓郁的果味，同时又保留酸度（德国白葡萄酒的标志）。每一期葡萄的大小和质量，很大程度上取决于当时的天气，因此，在德国，年份真的非常重要。在全世界所有的葡萄园中，德国的大气候和中气候可能是最丰富多变的。

在德国，最利于葡萄栽培的位置是那些受保护山谷的朝南或西南面斜坡，如沿莱茵河及其支流，或是易北河、萨勒河和温斯图特河的山谷。相较于地势平坦的区域，斜坡获得的光照更强烈，朝南的斜坡还能受益于更长时间的阳光照射，因此，葡萄藤上的果实就能充分成熟。有时，这种效果还会因为河水反射太阳光到葡萄园而加倍放大。另一个作用是调节夜间的温度，春秋季的霜冻风险能因此降至最低，秋季感染贵腐霉的可能性也会增加。这种增温作用可在岩质或石质土壤中得到加强，因其能在白天储热、夜晚散热。由于贫瘠土壤都处于山脉的陡坡上（这也阻挡了风雨），而不是在底部，所以供水情况会因地下山泉的存在而相当不错。

土壤

德国的葡萄不仅面对变化多端的气候，还有种类繁多的土壤类型，甚至是在同个产区、村庄或是葡萄园内。正是这些地质、气候方面的因素，带来了葡萄园之间的差异。正是得益于土壤类型的大不同，德国葡萄酒没有统一的风格；相反，这里有各种各样颇具特色的葡萄酒。显然，简单概括的难度太大，有必要在后续章节介绍产区时展开详细的讨论。

气候变化：再见，雷司令

塑造葡萄酒特点的不仅是年份，还有它生长的产区和位置，这里面包含某种气候、土壤，还有耕作。酿酒领域里已经出现了几处气候变化的征兆：葡萄发芽、开花、转色和收获的时间有所提前。此外，升高的含糖量和随之升高的酒精含量也经常被归为气候变化的结果，不过这同样可能是葡萄栽培和酿酒技术改进的结果。摩泽尔区的恩斯特·露森（Ernst Loosen）一直坚持经典的珍藏酒风格：轻盈爽口，可他的很多同行却把珍藏酒作为降了级的晚摘酒售卖，残糖量比 20 年前高出许多。2011 年是德国历史上葡萄生长提早最多的年份之一；葡萄发芽和开花的时间比正常提前了 3 周，2007 年也是如此。还有一个

Germany

0 — 100 km
0 — 100 miles

SWEDEN

DENMARK

Baltic Sea

North Sea

POLAND

NETHERLANDS

Hamburg

Bremen

BELGIUM

Dortmund

Düsseldorf

Cologne

BERLIN

SAALE-UNSTRUT

SAXONY

AHR

MITTEL-RHEIN

MOSEL

RHEINGAU Frankfurt

Main

FRANKEN

CZECH REPUBLIC

LUX.

RHEIN-HESSEN

HESS. BERGSTR.

NAHE

PFALZ

WÜRTTEMBERG

Stuttgart

Danube

Isar

FRANCE

BADEN

Munich

AUSTRIA

SWITZERLAND

LIECH.

Rhine

Ems

Weser

Elbe

Saale

Oder

Elbe

此图为原书所附示意图

27

上图：摩泽尔河上的日落。尽管气候多变，雷司令凭借强大的复原力，还是拥有着相对稳固的未来

现象是，德国种植红葡萄的葡萄园越来越多：20年来，红葡萄的专种面积增加了2倍。不过，这也可能是因为德国消费者更偏爱红葡萄酒。于是，来自万斯堡（Weinsberg）的新杂交品种，如多莎珠（Cabernet Dorsa）、多丽奥珠（Cabernet Dorio）、米朵珠（Cabernet Mitos）和安科隆（Acolon）如今被广泛种植，用于和德国的经典品种如波图盖色（Portugieser）的混酿，创造展现国际化风格的红葡萄酒新品。黑品乐的产量也稍有提高，依然是德国的经典品种。

可是，雷司令又会如何呢？据预测，到2050年，雷司令在莱茵高区的成熟期会提前10～14天。但是，来自盖森海姆大学的葡萄栽培学教授汉斯·莱纳·舒尔兹（Hans Reiner Schultz）一再向我们保证，气候变化并不会对德国雷司令和它创造的高雅风格构成直接威胁。"高品质的雷司令在生长过程中经历的气候范围之大，超越人们的想象；不仅如此，它还在种类繁多的土壤中保持着独特的个性"。此外，葡萄栽培技术也可以保护现有的风格，同时"极大地改变"雷司令的"香味轮廓"，以"创造全新的葡萄酒风格"。

不过，葡萄酒大师斯蒂芬·斯凯尔顿（Stephen Skelton MW）以一种更为告诫的口气警示我们，随着温度的上升，温暖地区特有的虫害和疾病将向北移动，迫使种植户改良他们的种植和喷洒技术。

最优质的葡萄品种

在德国，共计栽培近140个葡萄品种。其中，100种用于酿造白葡萄酒，35种用于酿造红葡萄酒或桃红葡萄酒。但是，重要品种不足30个，而说到杰出品种，则更少了。

白葡萄品种

雷司令 无论从质量还是数量上看，它都是德国的第一葡萄品种，占葡萄总种植面积的22.1%。在全球范围内，几乎有三分之二的雷司令都在德国。凭借过去20年品质上的显著提升，德国雷司令已然成为"德国品牌"的一部分，如同人们眼中的歌德、席勒、包豪斯、贝肯鲍尔、大众、保时捷、德国啤酒等。再没有像它这样复杂多变的白葡萄酒，带来如此多风格迥异、品质绝佳的葡萄酒作品。它可以轻盈、淡雅、含蓄，也可以体现力量与丰富的层次。无论干酒、半干型酒，还是甜酒、贵腐甜酒，雷司令都有能力呈现伟大的品质。它可以在酒精度7%时惊艳，11%时开胃，13%时仍大有可为。即使在深秋时节也拥有绝妙的果味和大量的天然酸，调和集中的糖分。雷司令很需要甜度或（和）浸出物。只要糖量、酸度、果味和酒精度达到平衡，就没什么能阻挡一款优质雷司令的诞生。在最出众的BA酒、TBA酒或动人心魄的冰酒中，糖量和酸度几乎永远处于平衡中。醇厚浓郁、风土特有的自然状态让雷司令从泥灰土、石灰岩、板岩中汲取绝妙迷人的口感。没有其他品种能在陈年实力上超越雷司令，没有其他品种能在经历数十年、一个世纪、甚至更漫长的岁月后，依旧如此的清新、含蓄、味醇、独特和复杂。例如，罗伯特威尔酒庄的肯得里希山逐串精选1911年份酒（1911 Kiedrich Berg Auslese）的今日表现，真是令人难忘！伯尔卡斯特博士逐粒干葡贵腐精选1921年份酒（1921 Berncasteler Doctor Trockenbeerenauslese）也相当不错！历史告诉我们，只要位置好、果实优秀，即使雷司令干酒也无需高含量的酒精来提升陈年时的口感。请注意，"Schwarzriesling"（字面意思：黑雷司令）只是莫尼耶品乐葡萄（Pinot Meunier）在德国的名称，和雷司令并无关联。

希瓦娜（Silvaner）　这个别具一格的葡萄品种，是塔明娜（Traminer）和鲜为人知的奥地利白（Österreichisch Weiss）杂交后的产物，距今已有几百年的历史。希瓦娜的质感往往比香味更具特色，它能带来优雅、含蓄、均衡且易消化的葡萄酒，风格上以干型为主，兼具其他，也不乏绝妙无敌的贵腐甜酒。它能出色反映原产地特色，并随之富于变化。莱茵黑森是德国（乃至全球）最大的希瓦娜生产区，种植面积约2 468公顷。在弗兰肯，希瓦娜深植于当地的葡萄酒文化，占地约1 331公顷，是地区植物典型的龙头品种。这里也是德国唯一允许用希瓦娜酿头等园干酒的葡萄酒产区。优美而温和的酸度，配以轻柔的风格，让希瓦娜葡萄酒与食物成为绝配。

白品乐（Weisser Burgunder / Pinot Blanc）　这是一颗在德国葡萄园里冉冉升起的新星，每个产区都有它的身影，甚至包括摩泽尔、萨尔和纳赫产区。虽然仅占据总面积的4%（约4 106公顷），可1990年时的份额才只有1%。巴登是其中最重要的产区，尤其在凯泽斯图尔（Kaiserstuhl）地块，德国一批最优质的白品乐葡萄酒便诞生于此，并多以头等园干酒的名义面向市场。法尔兹、弗兰肯、萨勒-温斯图特和萨克森产区的情况也是如此。与灰品乐相比，风格上更显生动的白品乐葡萄酒，可谓介于法国勃艮第霞多丽和德国雷司令之间。它能完美搭配食物，也能适应不同风格：如奶油般绵滑的木桶发酵酒，也有无苹果酸的不锈钢陈酿酒，更新鲜、清瘦，更具还原味。

灰品乐（Grauer Burgunder / Pinot Gris）　作为黑品乐的变种，自中世纪起就在德国种植。它是德国南部最著名的品种之一，在巴登、莱茵黑森和法尔兹，当然还有弗兰肯、萨克森和黑森山道都如此。虽然是一款白葡萄，但灰品乐的浆果在完全成熟时色泽微红，因此酿造出来的酒常常是深色的。虽在品质和风格上的差异很大，但最好的灰品乐葡萄酒浓郁、强劲、酒体重，尤其当取材于低产量的老藤时。如今，凯泽斯图尔地区出产品质杰出的头等园干酒。特别是 2010 年、2008 年等较凉爽的年份，一款头等园灰品乐酒可以呈现非凡的品质，而在较温暖的年份，葡萄酒的口感往往太过宽阔和厚重。与黑品乐一样，灰品乐也需要酸度来平衡它的重量和浓度。最好的灰品乐葡萄酒通常在橡木桶中进行发酵。

米勒－图高（Müller-Thurgau） 早熟的米勒-图高是顶尖的凉爽气候品种，它也是德国第二重要的酿酒葡萄。如果将产量保持在低位、土壤也不过于肥沃，它就能酿造出美味的白葡萄酒，口感轻盈、带淡淡的果味，若生长于大陆性气候中，还能带来一些复杂的矿物感，特别在弗兰肯、温斯图特、萨克森等地，石灰岩土壤上的米勒，口感好似雷司令的同胞弟弟。

黄穆斯卡特拉（Gelber Muskateller） 小粒麝香（Muscat à Petit Grains）的同族晚熟品种，是最古老、最芬芳、也最优雅的葡萄品种之一。但是，由于对生长地的要求极高，又容易落果，这个品种极为稀少（约 207 公顷）。它带来的葡萄酒清瘦、芳香、生动活泼。有美味的晚摘级甜酒或精选级甜酒（法尔兹产区），也有珍藏级风格的葡萄酒（有 / 无残糖）。其中，有一些我特别喜欢的酒，残糖量仅 1 克 / 升，最适合初春时享用。

琼瑶浆（塔明娜）[Gewürztraminer（Traminer）] 种植面积仅 868 公顷。在法尔兹、巴登、萨克森等地的黄土质土壤里表现最好，能带来世界级的冰酒，还有强劲持

重的高价白餐酒。它的干酒一贯饱满、强烈、芬芳馥郁（香料、犬蔷薇的香气），又兼具细腻、酒酸平衡的雅致。在 16 世纪后期，女性曾被告诫不宜多喝这种易上头的酒。

雷司兰尼（Rieslaner） 希瓦娜和雷司令的晚熟杂交品种，被特里·泰泽戏称为"雷司令 - 伟哥"。极其罕见（约 86 公顷），可若是生长于温暖的绝佳位置，雷司兰尼又常被拿来和雷司令比较（这一点很令我费解）。它非常香，但是缺乏雷司令的复杂与精妙。法尔兹地区的穆勒 - 卡托尔酒庄（Müller-Catoir）见证了雷司兰尼的成名，那里生产品质卓越的逐粒干葡贵腐精选酒，位于弗兰肯地区的施密特酒庄（Schmitt's Kinder）也生产这种酒。

施埃博（Scheurebe） 新的杂交品种[格奥尔格·施埃（Georg Scheu），1916：希瓦娜 x 雷司令]，能迎合所有类型，从极干型酒到贵腐甜酒，且表现出色。它是晚熟的芳香型葡萄，散发独特的粉红葡萄柚和黑醋栗的香气（偶尔还有一点儿猫尿的气味）。自从长相思开始流行起来，施埃博的人气就不太高了，但它的作品里总是不乏质量极好的干葡萄酒和贵腐甜酒。

红葡萄品种
黑品乐（Spätburgunder / Pinot Noir）
假如你厌倦了凉爽气候的白葡萄酒，不再负担得起勃艮第最好的红葡萄酒，可以试一下最新流行的德国黑品乐，尽管这个品种的葡萄在德国（莱茵高区）已有大约 900 年的种植历史。最近，媒体圈和商界的葡萄酒专家正在争论，德国最重要的红葡萄品种（占葡萄总种植面积的 11.1%，世界总数的 14.3%）酿造的葡萄酒能否和法国金丘区最好的品乐

酒一争高下。如今，即便是最挑剔、苛刻的酒评家，如杰西丝·罗宾逊，给几款德国品乐酒的评分已和金丘最优秀的一级园酒一样高。

推荐一个既有趣又有意义的做法：将一款来自金丘区顶级酒庄的通过第戎克隆或扦插得来的德国黑品乐和一款巴登区的老藤黑品乐比较。我想你会同意，那几乎像是在品尝两个完全不同的品种。法国的德国黑品乐优雅迷人（有人甚至用"红色雷司令"的称号为其增添光彩），而真正的德国黑品乐可以是特色鲜明、丰富强大、近乎灼热或短促的，信心自持，不跟风模仿，展现了德国人在黑品乐上的独特手法。也许精致不足，但甘美、强劲、结构坚实。自从酿酒商在着眼成熟度的同时，开始关注新鲜度，并减少新橡木桶的使用比例（或开始使用更好的酒桶），葡萄酒与 10 年前相比更细致、更富果味。在德国，即使将黑品乐根植于德文郡期板岩（阿尔、摩泽尔和莱茵高产区），其表现依旧令人印象深刻。在法尔兹和巴登产区，酿造最好葡萄酒的土壤基本是石灰岩，而在弗兰肯地区，黑品乐在红砂岩土壤中发挥最佳。顶级葡萄酒如头等园干酒，至少要在收获后的 6 ～ 10 年才开始展现真正的实力。如果你偏爱年轻些的黑品乐酒，那么一款真正美好的白中黑香槟最能胜任，近几年它在德国非常流行。

芳品乐（Frühburgunder） 又称布莱尔芳品乐（Blair Frühburgunder）或马德莲品乐（Pinot Madeleine），也就是法国人熟知的早品乐（Pinot Noir Précoce）。它被认为是黑品乐自然突变的品种。随着 8 月进入转色期，较黑品乐早成熟约 2 周时间（"früh"在德语里意为"早"，"spät"意为"迟"）。其果实更小，果皮更厚。由于易落果、产量小，芳品乐在"二战"后变得稀少，到了 20 世纪 60 年代几乎绝迹。到了 70 年代，盖森海姆研究中心开始培育克隆品种；如今，中心在芳品乐栽培上倾注了更多的热情，也收获了更高的成功率。芳品乐目前占地约 260 公顷，主要分布在阿尔河谷，植于德文郡期板岩风化土壤；还有西面的弗兰肯温暖区，在米腾贝格（Miltenberg）和博格斯塔特（Bürgstadt）村庄附近，植于红砂岩土壤。芳品乐葡萄酒拥有浓郁的红宝石色泽，优雅迷人的果味，常以黑醋栗香为主导。为避免过熟，果实必须准时采摘，以维持鲜明特征及存在于果味、新鲜度和酒精度之间的层次变化。要获得最优质的成品，含糖量要低于 92 ～ 94°。酿酒工序和黑品乐基本一致，只是大多去除葡萄梗。装瓶后不久就展现迷人魅力，其中的顶级芳品乐酒更是拥有超过 10 年的陈酿实力。

林伯格（Lemberger） 作为奥地利的蓝佛朗克 [Blaufränkisch，在匈牙利称为卡法兰克斯（Kékfrankos）] 在德国的双胞品种，却没能重获它的辉煌。虽然，在符腾堡，林伯格的葡萄酒被列为头等园干酒，种植面积占德国总面积约 1 768 公顷中的近 1 638 公顷。它极易受到晚霜和落果的影响，需要最好的栽培位置和漫长的营养期。以上都能在符腾堡产区得到满足，那里从 1840 年开始种植林伯格。但是，跻身德国顶尖林伯格酿酒商之列的雷纳·瓦彻斯泰特（Rainer Wachtstetter）却抱怨符腾堡没有高质量的克隆品种，不得不以收成减半的方式获取葡萄的良好品质。最优秀的林伯格葡萄酒颜色深、口感浓郁，年轻时酸度明显、单宁突出，经过 2 ～ 3 年的瓶中陈年后，变得圆润、丝滑与浓烈。和其他品种一样，能酿出最好葡萄酒的都是那些精心栽培于最好位置的老藤葡萄（30 年或以上）。

5｜栽培与酿造

完美的葡萄和纯正的葡萄酒

德国拥有几项葡萄栽培与葡萄酒酿造的技术发明，但是，当你和一位优秀的德国酿酒人讨论酿酒技艺时，他首先会说，他不是"酿酒师"，而是一个"诠释者"、"传递人"，或者说是"葡萄酒的观察员"。的确，看到他们的酒窖你就会发现，那些重要工作早在葡萄抵达这里之前就已经完成。参观的重点不在酒窖，而是葡萄园。他们会带你攀爬最陡峭的山坡，站在至高点上上气不接下气地向你宣告："这里，就是我们的葡萄酒诞生的地方：我们耕耘的土地、葡萄栖身的土壤，还有那带来葡萄成熟的阳光。这就是我们想在作品中通过葡萄品种和年份表达的特别的起源。我们的目标是，挑选健康、成熟的葡萄，将其转化为我们引以为傲的葡萄酒，让我们以葡萄园和自己的名义诠释它。"

精细的、手工制作的德国葡萄酒，是酿酒人面对全球化负面影响做出的无声而精妙的反抗。他们对标准化口感的反抗可不只挥舞一下"匕首"（修枝剪）那么简单，而是利用更有力的"生境"（Heimat），这是他们存在的基石，是他们生活、工作、酿酒、提升视野的地方。孕育自这片土地及文明的葡萄酒，能给人直击内心的感官冲击。

这听起来也许相当古怪，有些人可能还期望我多说一些技术层面的事。但是，诚如欧文·伯德所言："关于酿酒，没有所谓正确的方式，遗憾的是，却有不少错误的做法。"酿酒没有固定的套路，尤其在德国，气候条件、土壤类型、葡萄品种和葡萄风格如此多变，对栽培或酿造的概括并无多大价值。我会在后文做相关内容的详述，这里仅强调几个关键的主题和行业趋势。

葡萄栽培：位置、管理和挑选

在德国，所有葡萄藤都是成行种植（只要没有梯田，就是沿坡向下），且大多在金属线上培形。最常见的培形方法是采用 1～2 根枝条做长枝修剪的平弓式（Flachbogen），有时也采用半弓式（Halbbogen）。最新的趋势是短枝修剪（高登式），一些种植者以此来获取较疏松的果串和颗粒较小的果实，而风味却更见浓郁。但在摩泽尔区，主要还是沿用罗马人的方法，至少在最陡峭的山坡上一直采用双弓式（Doppelbogen）或单杆式。将葡萄藤在木桩上培形，两根枝条向下弯曲呈心形。在这些异常陡峭的葡萄园里，几乎所有工作都需要由人工完成，工人（或他们的桶和机器）往返通过单轨。

田亩归并（Flurbereinigung）让大部分葡萄园合理重组、焕然一新，但有一批极为迷人的葡萄园（尤其在摩泽尔区），依然维持着一个世纪甚至更久之前的样貌。二三十年前，人们视老藤为无能低产作物而常弃之，如今，同样的理由加上基因方面的原因又使其备受推崇。特别是沿着摩泽尔河及其支流，许多葡萄藤仍未接受嫁接，年龄最大的甚至超过 100 岁，结出的葡萄如豌豆般大小，香气和风味却是难以置信的浓郁和强烈。雄心勃勃的酿酒商们想保住这些老藤，尽管这意味着更多的努力和成本投入。对葡萄栽培遗产的保护才是更重要的事。通过高价拍卖世界级的 BA 酒、TBA 酒或冰酒，他们肩负起这一份奢侈的重任。

在新植株的培育上，相较于克隆，人们越来越倾向于在一批最好的年长藤中做菁英选择。它们来自邻近的葡萄园和德国其他产区，还包括奥地利，以及阿尔萨斯和勃艮第，为的就是创造基因的多样性，从而产出更复

上图：手工采摘葡萄并小心放入桶中，这是贝克酒庄（Weingut Friedrich Becker）的种植人一丝不苟的工作日常

杂、更激动人心的葡萄酒。莱茵黑森区的克劳斯·彼得·凯勒（Klaus Peter Keller）已将勃艮第的黑品乐嫁接在 60 岁的希瓦娜葡萄藤上，以弥补德国缺乏勃艮第葡萄藤的现状。第戎的品乐克隆品种仍然非常流行，但即使是最年老的葡萄藤也只有 20 年左右，因此相比勃艮第年轻的品乐克隆品种，越来越多的德国酿酒商开始青睐低产的德国黑品乐

新（老）克隆品种或菁英选择后得到的植株。他们宁可选择金丘产区顶级制造商一年历史的橡木桶，也不相信国内有同等质量的木桶，哪怕制造它们的是同一批桶匠。大多数酿酒商还希望，无论如何都要减少新橡木的使用比例。

最好的种植者会将葡萄产量保持在低位，通过高密度种植、低活力砧木、整枝、自发

或诱发式落果、果串减半、疏果等手段。更重要的是延长"悬挂时间（对整个葡萄生长季的描述，严格上是指从开花到采摘的这一段时间）"，不是为获取更高的糖量，而是为赢得更浓烈的风味。随着气候的变化，现在的采收期往往要早于 20 年前，而果实成熟不再是一个大问题。

但是，控制低产并不总能带来更好的结果，2006 年就是如此。10 月初的温暖和雨水加快了葡萄孢菌的传播，面对此时成熟且皮薄的葡萄，采摘和分选工作必须在 6～8 天内完成，而不是 6～8 周。如今，更多的酿酒人不会过度或过早地降低产量，而是观望一段时间以求最佳结果。一些头等园干葡萄酒被认为酒精度过高、口味过浓；甜葡萄酒则相较 20 年前更显甜美、丰满，给人以更深印象的同时却也更不易饮用或搭配食物。

另一种方法是敏感树冠管理（新世界发明的一项技术），它能灵活而有效地培育出各方均衡的葡萄藤。在树冠增长潜力大的葡萄园，种植覆盖作物以阻止葡萄藤获取更多的水和养分，效果等同于提高种植密度和修剪根部。不少种植者认为，后两种手法还能赋予葡萄酒更多的矿物味。更多矿物味、更具个性，以及更好的平衡、更疏松的果串、更小的果实、更低的糖量和更高的生理成熟度，这些都被认为是有机栽培和生物动力种植的诸多好处。自 2004 年起，德国（如同奥地利）的几位优秀酿酒商开始出于品质考虑，走上有机和（或）生物动力栽培的道路。而在 20 年前，这还只是存在于意识层面的理念。

在德国，要酿造伟大的葡萄酒，有两件

左图：迪尔酒庄（Schlossgut Diel）采用最原生态的踩皮方式，体现顶级酒庄普遍奉行的"少即是多"的哲学事至关重要，这个传统已持续了近 250 年：一是栽培高品质葡萄的顶级葡萄园；二是对精挑细选的葡萄进行的晚收。因为葡萄酒的风格多种多样，所以符合"完美"定义的葡萄可以有很多，但一定排除不成熟、劣等腐烂的葡萄，或是不同阶段葡萄的混合。

20 年前，珍藏酒的葡萄最早采摘，逐粒干葡贵腐精选酒和冰酒的葡萄则是最后摘取的。如今，秋季更加温暖和潮湿，珍藏酒和贵腐甜酒的葡萄采摘经常在同一日：绿色和黄色的葡萄放入黑桶，用于珍藏酒的酿造；感染贵腐霉的葡萄放入红桶，用于贵腐甜酒的酿造。恩斯特·露森说："今天，要挑选新鲜爽口的葡萄来酿造纯正的珍藏酒，就跟十几、二十年前为逐粒贵腐精选酒收集葡萄干一样花费工夫。"

选择性采摘的开创者马库斯·梅丽特（Markus Molitor）说："采摘葡萄之前，你必须完全清楚要酿造什么类型的葡萄酒。"一款经典的果味晚摘酒需要成熟但酸度平衡的葡萄，因此采摘时间比干型晚摘酒的提前 1 ~ 2 周。后者需要的不是较高的含糖量，而是较强烈的风味和较高的浸出物含量；酸度更成熟，残糖非必要。以上也同样适用于精选酒，只是指标要求更高。有很多顶尖的酿酒商，他们对待葡萄酒的态度就如同宝石匠打磨珠宝一般细致，不厌其烦地挑选着葡萄，以期达到每个类别下尽可能高的品质。

一般来说，葡萄孢菌不适用于较低度的干酒，头等园干酒中允许少量，贵腐甜酒中则大受欢迎。在摩泽尔区的莱因哈特·鲁文斯坦（Reinhard Löwenstein）看来，葡萄孢菌就是风土的一部分，（几乎只有）他在酿造一级园雷司令时对葡萄孢菌的接纳度高达

七成。

采摘黑品乐和马德莲品乐是一件棘手的事：以新鲜葡萄为目标的保罗·福斯特（Paul Fürst）认为，理想的采摘期只有 2 ~ 3 天。达到整体的平衡（酸度、果味和单宁）而非一味地专注成熟度，这是保罗或雨博（Bernhard Huber）葡萄酒的标志。它们的栽培和酿造堪比勃艮第伟大葡萄酒的制作过程，且品质也已达到了相同的水平。

葡萄酒酿造：少即是多

酒窖环节的指导原则是少即是多。如果，曾经"通过技术进步"（Vorsprung durch Technik）的理念遭遇过轻佻的对待，那么这样的日子已经一去不复返。葡萄生长于葡萄园，而进入酒窖，它的特性应在葡萄酒中得以保留。一款白葡萄酒是否浸渍或浸渍多久，很大程度上取决于所需的风格和不同年份。葡萄汁随天然酵母持续发酵。关于容器，有些酒庄偏爱木质的传统或立式桶，有些则青睐不锈钢罐，还有的两者都使用。追求还原风格的酿酒人喜欢短暂的发酵期，其他人则乐于让这个过程（和苹果酸 - 乳酸发酵）持续一年。同样，长时间的酒糟陈酿是如今顶级干酒的标配，至于较甜的珍藏、晚摘和精选酒，则需更早地换桶以保留果味和新鲜度。多数葡萄酒在不锈钢容器中进行发酵，某些强烈的 BA 或 TBA 酒则需置于玻璃材质的窄颈大坛中。干葡萄酒往往未经澄清就装瓶，红葡萄酒则不做过滤。顶级酿酒商绝少在酿酒过程中加入酸化或脱氧操作，当然还是就雷司令而言；哪怕对于尖刻的 2010 年，许多人依然摒弃脱氧工艺。如果你不喜欢酸度，那就最好别喝德国的葡萄酒了。

6 | 萨克森和萨勒 – 温斯图特

普罗施维茨堡（Schloss Proschwitz）

普罗施维茨堡是萨克森产区最古老且规模最大的私人庄园，也是自 20 世纪 90 年代以来德国最具活力的酒庄。酒庄坐落于麦森附近的扎德尔，占地约 100 公顷，是乔治·里佩 - 维森菲尔王子（Dr. Georg Prinz zur Lippe-Weissenfeld）名下的财产。他的家族是德国最古老的贵族之一，其所在支系从 18 世纪初起就定居萨克森。

1957 年，乔治·里佩王子在施韦因富特市（原西德的弗兰肯区）出生。拥有农学硕士和经济学博士的王子，平日里从事自由顾问的工作。从 1990 年起，他陆续买回家族的废弃城堡和贫瘠的葡萄园。

最初几年，他的葡萄酒在赖兴巴赫一个古老的果木合作社里陈酿，之后迁至弗兰肯的一处城堡。但是到了 1998 年，一座超现代的新酒庄在扎德尔落成，酿酒工作都在这里完成。1996 年，普罗施维茨堡成为 VDP 协会第一位萨克森产区的成员。

普罗施维茨堡位于麦森市中心以北约 3 千米处，是不少文化活动的举办场地。葡萄酒产自扎德尔的庄园。此外，这里还有一处宾馆、一家饭店、一座酿酒厂、一个商店、一间评酒室，以及行政办公室。目前，酒庄自身栽培了约 80 公顷的葡萄藤。另有约 10 公顷尚未复种，还有 10 公顷租给了萨克森的维克巴斯古堡酒庄（Staatsweingut Schloss Wackerbarth）。葡萄园分布于易北河（Elbe River）两岸，位于左岸的是朝向南和西南的单一葡萄园：圣十字修道院（Kloster Heilig Kreuz），占地近 35.7 公顷。位于右岸的是几处葡萄园，总面积约 50.7 公顷，组成普

右图：乔治·里佩王子是贵族后裔，却不得不通过勤勉和才智赢回自己的葡萄酒庄

普罗施维茨堡是萨克森产区最古老且规模最大的私人庄园，也是自 20 世纪 90 年代以来德国最具活力的酒庄。

罗施维茨堡独控的头等园。两侧土壤的基底为红色花岗岩，覆盖一层 2 ~ 5 米深的黄土和砂壤土。加上朝向南、大陆性气候、昼暖夜凉等条件，使得白品乐、灰品乐和黑品乐这些勃艮第品种成为"普罗施维茨堡的核心竞争力"。葡萄园内也栽培其他品种：艾伯灵（Elbling）、雷司令、金雷司令（Goldriesling）、施埃博、米勒-图高和塔明娜，用于酿造白葡萄酒；丹菲特（Dornfelder）、紫大夫（Dunkelfelder）、莱根特（Regent）和芳品乐，用于酿造红葡萄酒。

酒庄出品高质量的红、白葡萄酒和起泡葡萄酒，还有最近像波特酒那样品质极好的加强型红葡萄酒。每一款都十分清澈、优雅和精致，酸度简练并有久散不去的矿物味。

其中，最复杂、优雅的就是它的品乐酒，果味成熟却辛香明显，伴有矿物的深度。酒庄共出产两款黑品乐酒，一款从 2006 年起获评头等园干酒，另一款圣十字修道院黑品乐（Kloster Heilig Kreuz）的首支年份是 2008年。两者都是诞生 3 年即投放市场。2006 年，普罗施维茨堡白品乐头等园干酒（Schloss Proschwitz Weissburgunder GG）面世，下一个目标是灰品乐头等园干酒（Grauburgunder GG）。这些头等园干酒在德国的起售价为 20 欧元，与其他萨克森葡萄酒相比，价格实属不贵。

2010 年，里佩王子的新酒庄在魏玛市（图林根州）落成。这里的葡萄藤生长于壳灰岩土壤中，里佩王子正努力酿造展现更多优雅、细腻和圆润的红、白品乐葡萄酒。

顶级佳酿

（品尝于 2011 年 6 月）

Schloss Proschwitz Weissburgunder GG

这款葡萄酒能定期呈现很好甚至极好的品质。

2009 迷人、优雅、圆润、果味浓，但不那么复杂。2008 ★ 则令人兴奋，散发芬芳新鲜的果香，伴有鲜花与香料的气息。口感浓郁集中、酸味独特、回味辛香，结构中较深厚的矿物味为其带来了更大的潜力。

Schloss Proschwitz Spätburgunder GG

这款以传统方法酿造的葡萄酒（在波尔多橡木桶中陈酿 18 个月），正成功走上清新、优雅、细腻的道路。第一款头等园干酒诞生于 2006 年，在此之前的酒标是"橡木桶酒"。2004 有望成为品乐佳品，但因为在橡木桶中有些过度萃取和熟成，所以单宁的质感稍显生涩和粗糙。2005 更好也更温和，酒精度不是 14%，而是 13%（ABV）：酒体丰满，又不失清新与矿物味，但还是有些用力过猛。2006 的甜味令人失望，口感笨拙生涩，更像是西西里岛产的品乐酒。不过，2008（放血10%）则很美味。它以 10 月下旬采摘的葡萄为原料，散发浓郁、清新、纯净，还有胡椒的陈酿香气。口感强劲独特、浓厚丝滑，伴有辛香水果的风味，单宁突出、回味悠长。有潜力完成从很好到极好的品质跨越。

Kloster Heilig Kreuz Spätburgunder

它的 2008 清澈、强劲、甜味突出，但气味柔和，散发红浆果、樱桃、现磨胡椒、香料（包括丁香）和烟熏的香气。口感醇厚柔滑，浓度好，满满的浆果味被细腻雅致的酸度和单宁平衡，是一款非常不错的品乐酒，富有个性，回味出色也悠长。这款首年份酒会成功勾起我们对后面几个年份酒的强烈好奇。

普罗施维茨堡概况

葡萄种植面积：约 80 公顷
平均产量：300 000 瓶
地址：Dorfanger 19, 01665 Zadel über Meissen
电话：+49 352 176 760

克劳斯·西莫林酒庄（Weingut Klaus Zimmerling）

生于莱比锡城的克劳斯·西莫林原是一名机械工程师，从 1987 年开始酿酒，他说只是为了满足家里人的需要。1990 年 5 月，柏林墙拆除后半年，30 岁的西莫林前往奥地利，在瓦豪地区的尼科莱霍夫酒庄（Nicolaihof）以"厨师和洗瓶工"的身份工作了一年。1992 年，自学成材的西莫林成立了自己的酒庄，在他位于韦奇威茨的洗衣房里酿造出第一批葡萄酒，地处易北河畔距德累斯顿约 10 千米处。他当时的葡萄园也在那里。20 世纪 90 年代中期，西莫林和妻子——波兰雕塑家玛尔歌泽塔（Malgorzata Chodakowska）搬家至沿河而上约 5 千米处的皮尔尼茨，在朝南陡峭的国王葡萄园（Königlicher Weinberg）购入了几亩梯田。

那座著名的葡萄园早在 1721 年就获得关注，土壤是风化花岗岩和片麻岩。莫西林在他买下的约 4 公顷土地上一直实行有机栽培，尽管还无认证。他的葡萄园里种有雷司令（35%）、白品乐（20%）、灰品乐（16%）、克尔娜（12%）、琼瑶浆（12%）和塔明娜（5%）。产量控制低至 2 000 ~ 3 000 升 / 公顷，由此带来一系列集中、深厚、矿物味突出的葡萄酒，纯净而雅致。10 月底或 11 月初的选择性采摘结束后，对整颗浆果进行破皮，浸渍长达 12 个小时。篮式压榨并静置一夜后，葡萄汁开始在不同大小的不锈钢罐里自然发酵。然后，西莫林将人工酵母放入发酵的葡萄汁，不过只有推荐量的 20% ~ 30%。发酵时间少则 1 周多则 5 个月，通常不做温控。只有在温度达到 22℃ 时，他们才会用湿冷的布让罐子降温至 18℃。换桶后进行第一次硫化，在精制酒糟上熟成 4 ~ 6 周，随后过滤、装瓶。西莫林的干葡萄酒比较少，一定程度上是由于多年来他都认为正确的平衡

需要少量残糖。不过，真正起决定作用的还是葡萄酒：西莫林既不会冷却发酵的葡萄汁，也不会通过添加硫来停止自然进程。如果他们的葡萄酒被冠以"trocken"标签（正如 2008 年和 2010 年），那这款酒就真的很干，残糖量低于 4 克。

西莫林酒庄的葡萄酒全是数量少、备受追捧的佳品。如果在别处找不到，可以去柏林的顶级酒吧或餐馆碰碰运气。无论从数量上还是质量上，雷司令都是酒庄排名第一的葡萄酒，不过它的品乐和塔明娜也很有名，能酿造品质出众的萨克森冰酒。2008 年份酒之前，所有葡萄酒都以日常餐酒的名义装瓶，但从 2009 年起，它们的身份变为优质葡萄酒。2010 年，西莫林成为 VDP 协会接纳的第二位萨克森区会员，但至今未在酒标上使用相关头衔，而是用字母来标示葡萄酒的品质等级和风格：R 代表珍藏，A 代表类似精选（更多的是一种半干型风格），AS 代表真正的精选，BA 代表类似逐粒贵腐精选。酒庄的绝大多数葡萄酒装于 500 毫升的瓶中（较高等级为 375 毫升）。从 2009 年份酒开始，大部分葡萄酒使用斯蒂文瓶封（Stelvin Seal），只有 BA 酒和冰酒会使用酒密封塞（Vino-Lok，美国称为 Vino- Seal）。酒标设计来自女主人玛尔歌泽塔的雕塑作品，每年都在变化，多以私宅、花园和酒窖为主题。

顶级佳酿

（品尝于 2011 年 5 月）

2010 Riesling R [V]

字母 R 表明酿酒葡萄产自国王葡萄园最陡峭的一块地，而且是精挑细选后的葡萄。呈现金黄的色泽、令人愉悦的浓郁风味，但酒体紧实、矿物味突出，令我想起一款卓越的默尔索（Meursault

产雷司令。除了葡萄孢菌带来的集中与多汁外，这款雷司令还展现出极为纯净的口感，配以迷人的咸味和完美的平衡。

2010 Riesling BA ★

混合葡萄园两块地的葡萄，孢菌影响充分，品质出众。散发贵腐葡萄干的浓烈香气，结合灿烂的百香果味，还有淡淡的蜂蜜香。口感活泼、集中，上乘的酸为葡萄酒带来高雅的质地，点亮了口感。尽管非常浓郁，但这款雷司令还是展现了极为纯净的矿物味，尾韵复杂、回味雅致、极为悠长，令人难忘。

2005 Riesling BA ★

散发热带水果、桃、杏子、百香果的成熟果香和上等焦糖的香味，清晰、优雅、强劲。口感辛香热烈，优质纯净的水果风味在口中久散不去，同时还伴有以矿物味打底的精致香料和上好蜂蜜的味道。达到完美的平衡，优雅而细腻。

2003 Eiswein vom Traminer

这款葡萄酒被称为塔明娜而不是琼瑶浆，是为了突显萨克森塔明娜的与众不同。萨克森人相信，他们的一批年长藤是拉德布伊尔一株塔明娜葡萄藤的后代。干燥炎热的 2003 年没有葡萄孢菌，因此葡萄于 2004 年 1 月 4 日采摘，随后冰冻。清晰刺激的水果风味，伴着精致的辛香。口感明快，甜味虽重但精致，伴随着跃动的酸味和焦糖香，回味可口。

左图：克劳斯·西莫林和妻子玛尔歌泽塔，身后是妻子的几件雕塑作品。她的作品点缀了酒庄，也让酒标形象增色不少

克劳斯·西默林酒庄概况

葡萄种植面积：约 4 公顷
平均产量：16 000 ～ 24 000 瓶（500 毫升）
地址：Bergweg 27, 01326 Dresden（Pillnitz）
电话：+49 351 2618 752

7 | 弗兰肯

鲁道夫·福斯特酒庄（Weingut Rudolf Fürst）

保罗·福斯特的父亲鲁道夫在 1975 年早逝后，保罗开始接手家族在博格斯塔特（Bürgstadter）的生意。那时还是混合农业，葡萄种植面积只有约 1.5 公顷。但是，时年 20 岁、在约翰尼斯堡庄园（Schloss Johannisberg）受过训练的保罗决定，从此只专注于酿造葡萄酒，并开始在圣格莱芬堡（Centgrafenberg）购买小块土地，黑品乐和雷司令一直是那里的主要种植品种。这些地块并不大，源于"分割"（Realteilung）：购买、交换、微调边界的工作，保罗做了 30 多年。如今，虽然面积扩大至 18 公顷，但这个工程依然没有完成。2004 年，保罗和妻子莫妮卡（Monika）沿美茵河而上，在梯田遍布、坡度惊人的克林根堡宫殿山（Klingenberger Schlossberg）又购入 1.5 公顷土地，那里的黑品乐一直到 19 世纪都很出名。

持续优秀 15 年的福斯特品乐酒，比以往更优雅、更细腻、更纯净。放眼整个德国，没多少品乐酒能在品质或风格上与之匹敌。

2007 年，保罗的儿子塞巴斯蒂安（Sebastian，生于 1980 年）加入。他在阿尔萨斯产区的马克雷登维斯酒庄（Domaine Marc Kreydenweiss）当过一段时间的学徒；还在勃艮第尼伊圣乔治产区（Nuits-St-George）的德兰酒庄（Domaine de l'Arlot）工作了 6 个月，向朋友奥利维尔·勒里什（Olivier Leriche）学习了很多关于黑品乐和勃艮第优质葡萄酒的知识。从 2008 年份酒开始，这位年轻的父亲一直负责家族的红葡萄酒生产，而年轻的祖父保罗则一直专注于白葡萄酒。不过，但凡重要的决定，父子俩都会一起讨论。令保罗欣慰的是，儿子总是倾注更多的热情在一丝不苟的手工葡萄酒生产上，而不是那些夸大的现代酿酒和营销手段。

自塞巴斯蒂安负责酒庄的红葡萄酒酿造以来，持续优秀 15 年的福斯特品乐酒，比以往更优雅、更细腻、更纯净。自 2009 年份酒起，福斯特家族的品乐美酒展现前所未有的品质，形成了一条令人印象深刻的产品线，为首的是 3 款世界级的头等园干酒：宫殿山黑品乐头等园干酒（Schlossberg Spätburgunder GG）、圣格莱芬堡黑品乐头等园干酒（Centgrafenberg Spätburgunder GG）和圣格莱芬堡洪斯吕克山黑品乐头等园干酒（Centgrafenberg Hunsrück Spätburgunder GG）。酒庄旗下的其他优秀葡萄酒，不仅有圣格莱芬堡雷司令头等园干酒（Centgrafenberg Riesling GG）、木桶发酵的圣格莱芬堡白品乐珍藏酒（Centgrafenberg Weissburgunder R）、福尔卡赫卡特豪斯霞多丽（Volkacher Karthäuser Chardonnay），还包括克林根堡和博格斯塔特的其他品乐酒。但我一定要重点介绍这 3 款品乐头等园酒。放眼整个德国，没多少品乐酒能在品质或风格上与之匹敌。最后我要强调的是，即使是他们的芳品乐酒，也值得在瓶中陈酿至少 10 年。

与福斯特酒庄的其他葡萄酒一样，黑品乐酒的原料葡萄生长于红斑砂岩统（red Buntsandstein）。表层土肥沃且多沙，结构良好，有小石子。数百年来，这种温暖、排水性好的土壤，一直是反复多变的红葡萄品种（黑品乐）的理想选择。下层的黏土和风化砂岩蓄水能力佳，即使在极度干燥炎热的 2003

右图：保罗·福斯特和儿子塞巴斯蒂安倚靠在一堵红砂岩墙边，这种土壤为酒庄葡萄酒的培育做出了极大贡献

年，干旱的影响也不会很大，至少对年长藤来说是如此。

位于斯佩萨特山脉（Spessart）与欧登瓦德山脉（Odenwald）之间的米滕贝格盆地气候温和，但克林根堡宫殿山的品乐葡萄比圣格莱芬堡的提前成熟 10 天左右。主要成因是每公顷约 4 千米的干燥红砂岩墙，数百年来在陡峭的宫殿山葡萄园筑起梯田，并向葡萄和葡萄藤反射光和热。

福斯特家族在宫殿山购买了两块土地。2005 年，将三分之二的区域改种勃艮第品乐的新克隆品种，那里的年长藤（大概是弗莱堡克隆品种）种植于 1985 年。据保罗介绍，两个新克隆品种代号 Fin 和 Très Fin 都嫁接于砧木 16149，产量远低于 777、828、667、115、112 等克隆品种。保罗说："最高值是 3 000 升 / 公顷，而那些从 20 世纪 90 年代初开始在圣格莱芬堡栽培的年长藤，如果不减产，可轻易达到 8 000 升 / 公顷。Fin 和 Très Fin 的浆果较小，果串也更疏松，果皮更厚。"

在朝南的宫殿山，种植密度相当高，每公顷种植 10 000 株葡萄（圣格莱芬堡是每公顷种植 5 000 ~ 7 500 株葡萄）。宫殿山的葡萄藤全部离地（约 50 厘米）单枝修剪（平弓式），每根枝条在成熟期有 6 ~ 8 个芽。在整个营养生长期，两地都实行严密的树冠管理，但是会尽可能延迟嫩枝的修剪。

与宫殿山不同的是，圣格莱芬堡略深的黏土质土壤和高产克隆品种令疏果成为必要。在某些年份，多达半数的果实被摘除。不过，这个比例会逐渐缩小，原因有二：一是从 2005 年起，福斯特家族在洪斯吕克山一块

左图：陡峭的宫殿山头等园，这里的砂岩梯田通过反射光和热来促进葡萄成熟

占地约 3 公顷的土地上栽培克隆品种 Fin 和 Très Fin（迄今覆盖面积约 0.5 公顷）；二是德国克隆品种（主要是小浆果型 Ritter21-29，种植于 1983 年）的产量随藤龄的增长而有所下降。

福斯特家族花费 3 年时间刨土耕地、制作自己的堆肥。葡萄园内隔行种植葡萄以外的作物，多次覆盖地膜以防土壤流失或受侵蚀。若天气条件允许，覆盖作物（三叶草、油菜籽、野豌豆）也能茁壮成长，但如果太靠近葡萄，就会被割除。

保罗和塞巴斯蒂安相信，品乐葡萄不宜过度滋养，稍微吃些苦头才能展现最佳状态。因此，他们希望叶子在夏季呈石灰绿而不是深绿色，秋季时又能及早转色。保罗解释说："我们给予葡萄藤更少的养分，却收获更精致出众的葡萄酒，更细腻、纯净，又不那么肥硕。"

为了让浆果健康、充分成熟，且结构新鲜、紧实，展现品乐风味的极致，福斯特家族从不会完全摘叶。保罗说："我们始终保留一小片树冠，为葡萄抵挡过于强烈的阳光，又让空气得以流通。"他喜欢采摘含糖量为 93 ~ 100° 的品乐葡萄。塞巴斯蒂安补充道："相比 102°，我们当然更倾向于 95°。"为了让葡萄酒的酒精度达到 13%，他们在"过去 10 年里有 3 ~ 4 次"不得不对葡萄汁添加糖分。

塞巴斯蒂安希望葡萄籽停留在浆果里的时间尽可能长，相比葡萄籽，他更喜欢葡萄梗带来的单宁。因此，头等园酒中整串酿造的比例很高。

葡萄收获由工人亲手挑选完成。如有必

要，会在分拣台上对葡萄再做挑选但不破皮。塞巴斯蒂安希望葡萄籽停留在浆果里的时间尽可能的长；相比葡萄籽，他更喜欢葡萄梗带来的单宁。因此，在宫殿山黑品乐、圣格莱芬堡黑品乐、洪斯吕克山黑品乐这3款佳酿酒中，整串酿造的比例很高，剩下的部分也是非常轻柔地去梗。他解释说："这一年越温暖、葡萄藤越老，葡萄梗就越成熟，我们留用完整浆果的次数就越多。"炎热如2003年，洪斯吕克山佳酿酒的制作100%保留葡萄梗；2009年，至少达90%。一般年份里，洪斯吕克山为70%~80%，宫殿山为50%~60%，圣格莱芬堡则为30%~40%。塞巴斯蒂安说："我们使用葡萄梗，不是为了得到更多的单宁，而是为了获取更细的单宁。"

紧实、辛香、色深、果味重的洪斯吕克山佳酿酒来自最古老的葡萄藤（多数为1983年种植的德国克隆品种）和最成熟的葡萄梗，精致优雅的圣格莱芬堡佳酿酒则大多来自年轻的法国藤，更多呈现红色水果的特质。至于宫殿山佳酿酒，只有来自年长德国藤的葡萄才会留梗酿造，克隆品种Fin孕育的品乐需要除梗。

我总是惊艳于福斯特葡萄酒，无论红或白，陈年的状态，越发的雅致、圆润和丰满。

在开盖的立式木桶内冷浸渍5~7天后（果串在下，除梗葡萄在上，仅留一点二氧化碳），葡萄内部由于自身酶的作用开始发酵，随后因过夜木桶的升温，发酵过程借助葡萄皮的酵母继续进行。一旦发酵开始（温度升至35℃），就进行踩皮和淋皮操作。经过5~7天，发酵结束，但新酒还要等候4~6天，在酒帽下沉前不久才压榨。接下来，排空木桶，分离葡萄汁，对葡萄皮进行篮式压榨，丢弃葡萄籽和酵母。最后，将压榨汁倒入自流汁中，在不锈钢罐内静置12~24小时，随即换桶，置于全新（来自François Frères、Rousseau、Seguin Moreau和Damy制桶商）的法国波尔多橡木桶中17~18个月。苹果酸-乳酸发酵更适合在春季，但冬季也有可能。

由于他们的葡萄酒在装瓶前不澄清、不过滤（多数木桶也不需要），所以要非常小心地通过桶孔而不是插口完成换桶，只留下约250毫升与酒糟一起。这部分酒液经过澄清与其他红葡萄酒混酿，后者按佳酿酒的规格酿造，不过葡萄完全除梗，在桶中（部分新、部分旧，取决于质量）熟成的时间也较短。所有红葡萄酒都不过滤，直接装瓶。

酒庄的白葡萄酒颇具还原风格，以便在历经数年后更好地保留其新鲜果味、酸度和矿物味。每次来到这片美丽的庄园（最近彻底重建了酒窖），这家人都会在晚餐时拿出珍藏已久的成熟红、白葡萄酒招待我。而我也总是惊艳于福斯特葡萄酒，无论红或白，陈年的状态，越发的雅致、圆润和丰满。福斯特家族从不使用醒酒器，对年轻葡萄酒也不例外。保罗强调："我们更愿意开瓶后立即饮用，从打开的那刻起它就应该随时能喝，但也会在玻璃杯中升华，只要你别倒太少……"

顶级佳酿

2009 Schlossberg Spätburgunder GG [V]

保留至少60%的葡萄梗参与发酵。这款芳香诱人的黑品乐原料产自克林根堡的斑砂岩统梯田，华丽多汁、味甜又兼具雅致和柔滑的质地。单宁成熟、圆润、精致，整体结构也是如此。这款女性气质突出、优美平衡的黑品乐不仅来自年长的德国品种，也包括年轻的勃艮第克隆品种，如 Fin 和 Très Fin。若事先不知道这款果味持久、红浆果香气馥郁、活力十足的品乐酒来自克林根堡，可能你会认为它是一流的沃尔奈（Volnay）或沃恩 - 罗曼尼（Vosne-Romanée）产的品乐酒。

2009 Centgrafenberg Spätburgunder GG[V]

这款品乐酒的原料主要来自 20 世纪 90 年代种植的传统第戎克隆品种。和温暖的宫殿山相比，晚 10 天采摘。保留不少于 30% 的葡萄梗参与发酵，香气浓厚突出，散发精致的红浆果香。口感清新、紧实，不乏雅致，柔滑多汁，非常细腻。单宁结构成熟，辛香耐嚼。

2009 Hunsrück Spätburgunder GG

这款品乐酒的原料产自圣格莱芬堡朝南山坡上的一块地，2003 年起单独酿造。福斯特家族在这里栽培他们最古老的葡萄藤——德国克隆品种 Ritter，于 1983 年种植，比圣格莱芬堡另一片邻近地块早成熟几日。这里的葡萄梗总能达到很好的成熟，因此这款与众不同的头等园酒在发酵时，保留葡萄梗最高达 100%（2009 年，90%）。3 款佳酿酒中，它最具力量和结构。2009 年份酒散发比红色水果更深的果香，已是十分的浓厚与辛香。口感更是有趣：清新，非常的紧实，充满活力，尽管初期还有点干涩。它也拥有丝滑的质地，还可能在陈酿 10 ~ 15 年甚至更久之后，更加柔软优雅。如果 Schlossberg 让你想到沃尔奈，那么这款酒也许会让你想起波马尔（Pommard）产的品乐酒。但请注意，它们是截然不同的。

Centgrafenberg Frühburgunder R

芳品乐（马德莲品乐）是黑品乐的一种，非常罕见、更早成熟，起源地可能在博格斯塔特附近，栽培历史悠久。保罗·福斯特是这个品种的开拓者之一。虽然与黑品乐在葡萄藤和葡萄酒上表现类似，但芳品乐更富果味，更直率、突出。保罗表示："芳品乐的酿酒之道，是避免太过亮泽奢华的果酱味葡萄酒，应该在酒中体现其风土。"2009 年份

酒颜色暗深，新鲜，散发天然野性的香气，口感十分浓烈、强劲而多汁。单宁美好、成熟耐嚼，酸度清爽精致，黑醋栗的芳香持久不散。2001 年份酒显露芳品乐优秀的陈年实力。它的香气十分雅致，散发特别清新细腻的深色果香，如黑醋栗；口感精致、柔滑优雅。质地丝滑，整体依旧充满活力和矿物味。

上图：完全健康的成熟黑品乐果串，经过人工仔细采摘，放入小框中以保护脆弱的果皮

鲁道夫·福斯特酒庄概况

葡萄种植面积：约 19.6 公顷（60% 黑品乐和芳品乐，15% 雷司令，12.5% 白品乐和霞多丽，5% 希瓦娜）

平均产量：120 000 瓶

地址：Hohenlindenweg 46，63927 Bürgstadt am Main

电话：+49 9371 8642

霍斯特·绍尔酒庄（Weingut Horst Sauer）

霍斯特·绍尔也许是德国境外最负盛名的弗兰肯籍酿酒商。他获奖无数，尤其在英国。用绍尔自己的话说，他的"生活行走在橡胶靴和漆皮鞋之间"。说起德国的弗兰肯，大多与干葡萄酒相关，霍斯特·绍尔却主要凭借贵腐甜酒享誉世界，葡萄原料来自弗兰肯名列前茅的龙普园（Escherndorfer Lump）。事实上，还没有哪位酿酒商像绍尔那样对贵腐葡萄酒如此情有独钟。同样令人称道的是，绍尔斩获的奖杯不都是关于雷司令的荣誉，还有希瓦娜。在精品葡萄酒世界里，还没有哪一位希瓦娜酿酒商取得像他那样的成就。

不过，如果你来到埃申多夫镇（Eschern-dorf），步入位于博克斯街14号的这座修葺一新的现代化家族庄园，不会见到一个自命不凡的酿酒商。霍斯特·绍尔安静温和，好沉思自省，是一位诗人、哲学家。功成名就的他仍觉自己的"人生像一场梦"，担心有梦醒的一天。

事实上，几乎每一年（除了温暖干燥的2003年和2009年）总有那么些时候，绍尔希望自己是在远离弗兰肯的地方酿酒。2010年的夏秋季就是如此，绍尔说："雨水那么多，我们的土壤像海绵一样吸饱水，葡萄越长越大。我们担心它们爆裂；我们害怕它们受到苍蝇和灰霉病的影响。但是最后，经过9月底到10月底的一段好日子，所有果实变得极其浓郁集中，让我们在11月初收获了迄今为止最美好的贵腐葡萄。"

最终，绍尔的梦没有惊醒，尽管2010年对不喜干预的酿酒人来说，无论是葡萄园

右图： 霍斯特·绍尔和女儿桑德拉在他们位于埃申多夫镇的现代化酒庄里，这里诞生了许多揽奖无数的葡萄酒

还没有哪位酿酒商像绍尔那样对贵腐葡萄酒如此情有独钟。同样令人称道的是，绍尔斩获的奖杯不都是关于雷司令的荣誉，还有希瓦娜。

还是酒窖，都不是一个理想的年份。绍尔说："你想生产世界级的葡萄酒，就必须有一个计划，但也要适应年份条件，尤其在龙普园，计划总是赶不上变化。"

2010 年，开花期很迟，7、8 月凉爽潮湿。因此，有必要在收获前摘叶以确保果实健康。但是，由于葡萄园呈凹形陡峭之势（平均坡度 60%，最高 75%），能捕捉每一缕阳光，所以摘叶不能过早。绍尔解释道："否则，会有日灼的危险，或葡萄酒染上烟熏味，这是我们不愿看到的。"

2007 年，桑德拉开始负责头等园酒的生产。从此，风格中更添了一份深厚的细腻感。少了点外显的强劲、热情和丰腴。

即便如此，2010 年份酒的酸度很高，酒精度比 2009 年低 1%。从 2004 年起，绍尔得到女儿桑德拉（Sandra，1977 年出生）的协助，放弃酸性中和的化学手段，转而在酒液混合前阻止其中一半的苹果酸 - 乳酸发酵。绍尔说："pH 值、二氧化硫含量和温度之间达成正确平衡非常重要，否则就会出错。"

20 世纪 90 年代，霍斯特·绍尔找到了自己的葡萄酒风格。龙普园的雷司令和希瓦娜 1997 年份酒，如今依然强劲有力、浓醇多汁，呈现浓郁的热带水果风味，质地柔顺，结构上有矿物味和咸味。它们是对葡萄园独特风土的动人演绎。此后，绍尔的葡萄酒，特别是头等园干酒系列，就一直保持这样的风格。2007 年，桑德拉开始负责头等园酒的生产。从此，风格中更添了一份深厚的细腻感。少了点外显的强劲、热情和丰腴，但多了些还原、雅致与明确，而且因为酸度更显著，所以十分开胃。

绍尔表示："龙普园能给予的东西太多，葡萄酒会因此缺乏优雅、轻盈和朝气。"的确，在这座占地面积约 33 公顷的 VDP 头等园，日光照射十分强烈；它温暖、陡峭、成分均匀，近美茵河，朝向东南至西南。此外，土壤（介壳灰岩、下考依波岩统、黄土粉砂）肥沃，夜间可保温。部分位置的土壤深度仅 50 厘米，其他则深达 1.5 米。

绍尔说："凭借 20 多年的经验，我们知道葡萄园的哪块地对应生产哪个风格的葡萄酒。"河附近是生长贵腐甜酒原料的最佳位置，因为到了秋季，较大的湿度和雾气有利于促进葡萄孢菌的滋生。在朝南坡的中心区，那里炎热陡峭，覆盖岩石的土壤仅 50 厘米深，雷司令和希瓦娜的头等园干酒就取材于此。朝向东南、西南的区域则出产珍藏级干酒的原料。

"十年前，我们还在根据葡萄品种进行采摘：首先是米勒和巴克斯（Bacchus），其次是希瓦娜和品乐，最后是雷司令。如今，我们依据的是葡萄酒的风格。"从轻盈新鲜的珍藏酒，到辛辣多汁的晚摘酒，一路向上至逐粒干葡贵腐精选酒，再加两个头等园干酒。每种葡萄酒类型都需要自己确切的采摘日期。如今，他的采摘时间比 10 年或 15 年前设定的提早 8 ~ 14 天。因此，酒精含量有所回落，从珍藏酒的 1% ~ 12%，到最高头等园干酒的 12.5% ~ 13.5%。相比 20 世纪 90 年代，摘叶的严格程度大大降低。地块里早期的高密度种植区（5 000 ~ 6 000 株 / 公顷）形成的阴影处比新近的种植园多。如果不是极端潮湿的季节，不会行间播种其他植物，而是用树皮覆盖以防止土壤侵蚀和流失。

葡萄收获全部由人工精挑细选完成。在 2010 等普通年份，采摘 3 次；而在 2009 等完美年份，仅采摘 1 次。珍藏酒的酿造完全不考虑葡萄孢菌，头等园干酒也是尽可能做到无此成分。除了白品乐和酿造 Sehnsucht 酒的希瓦娜，葡萄都不除梗，且只有健康葡萄（但不包括雷司令）浸皮（最长 12 小时）。

葡萄汁在不锈钢罐中发酵，加入人工酵母，设定温度：基础级为 12 ~ 14℃；珍藏酒为 16℃；头等园干酒为 18℃。持续 4 ~ 6 周，随后冷却至 6 ~ 8℃ 以避免二氧化硫的过早加入。酒糟陈酿时间：头等园干酒尽可能长（2009 年，直到 2010 年 6 月）；珍藏酒直到 12 月或 1 月。酿造白品乐和 Sehnsucht 时，约四至五成酒液在桶中发酵（包括苹果酸-乳酸发酵），最终与不锈钢罐中的剩余酒液混合。所有葡萄酒都是先与精制酒糟一起陈酿，不久后装瓶。

顶级佳酿

Escherndorfer Lump Silvaner GG（种于 1958 年）

2010　散发集中浓郁的葡萄香气，辛辣活泼。带咸味，口感生动撩人。结构紧实，酸度平衡，有饱满成熟的果味。浓度出色，潜力出色。

2005　干燥炎热的年份，9 月雨季。这一年出产许多强劲的葡萄酒，像它这样出色的却不多。柔顺多汁，浓郁非常，但结构中的显著酸度和矿物味又将其很好的平衡；持续且十分开胃。余韵是浓烈的果香，也带有开胃的咸味。

Escherndorfer Lump Riesling GG（种于 1972 年）

2010　酒香浓郁复杂，散发草本的气息。咸味突出，十分纯净又强劲集中，虽有钢铁般坚硬的酸，却不失优雅。

2005　色泽金黄，散发叶子的芬芳，还有蜂蜜的香气。口感雅致，酸度细腻，带少许留兰香的风味，回味偏咸。

2010 Escherndorfer Lump Silvaner Auslese

2009 年份酒（无贵腐霉）已属美味，多汁但纯净。2010 年份酒（有贵腐霉，总酸度 10 克/升）更是惊人。香气纯净，近似咸味。口感上，不但甜而集中，且极为纯净生动，带着咸味。不仅甜，还辛辣刺激。

2010 Escherndorfer Lump Silvaner BA

色泽金黄。非常美妙的贵腐霉和葡萄干的香气，还有葡萄柚的果香。浓度完美，口感辛香刺激，极精致的酸度很好地平衡了贵腐甜味。特征显著，是一款美妙的逐粒贵腐精选酒。

2010 Escherndorfer Lump Silvaner TBA

同样，2009 年份酒似乎已展现近乎完美的成熟与魅力。而这款 2010 年份酒，辛香味多于果香，在酸味刺激下（总酸度 16 克/升），入口极像雷司令。贵腐味突出，酒味浓醇；完美平衡，活泼、辛香。

2010 Escherndorfer Lump Riesling TBA

散发完美的贵腐香气，辛辣刺激、饱满、味甜，含糖量 200°，总酸度 18 克/升，风格突出，有咸味，收结处是余韵悠长的葡萄柚味。

霍斯特·绍尔酒庄概况

葡萄种植面积：约 17 公顷（45% 希瓦娜，25% 米勒-图高，15% 雷司令；95% 干酒，5% 贵腐甜酒）
平均产量：170 000 瓶
地址：Bocksbeutel Strasse 14, 97332 Escherndorf
电话：+49 9381 4364

泽赫霍夫·吕克特酒庄（Zehnthof Luckert）

如果你想找一款正宗的弗兰肯葡萄酒，不妨试试沃尔夫冈·吕克特和乌尔里希（乌里）·吕克特兄弟俩（分别出生于 1961 年和 1973 年）的葡萄酒。他们的酒庄位于美茵河畔苏茨费尔德镇的泽赫霍夫。他们的葡萄酒以白葡萄酒居多，但也有出类拔萃的红葡萄酒，深厚、成熟、浓醇、优雅，兼具清新和矿物味，呈现弗兰肯式的干型酒特色，残糖量通常低于 4 克 / 升。乌里·吕克特说："弗兰肯的葡萄酒不需要平衡残留糖分，这归功于酒体和浸出物。"

弗兰肯葡萄酒也不需要博克斯瓶（Bocksbeutel，弗兰肯地区一种独特的酒瓶，扁平大肚、两侧成拱形），绝对正宗。对于最好的葡萄酒，吕克特兄弟更偏爱勃艮第的瓶型。只有珍藏级葡萄酒，才会装入这种弗兰肯人引以为傲的奇特酒瓶。

如果你想找一款正宗的弗兰肯葡萄酒，不妨试试沃尔夫冈和乌尔里希·吕克特兄弟俩的葡萄酒。他们的葡萄酒深厚、成熟、浓醇、优雅。

泽赫霍夫葡萄酒的泥土味和矿物味，是由美茵河谷的页岩石灰岩土壤带来的。吕克特兄弟在葡萄园辛勤工作，带来令人印象深刻的风土葡萄酒。唯一阻碍他们获得更高声望的原因是：他们在苏茨费尔德的葡萄园位置。西瑞克斯山（Cyriakusberg，约 100 公顷）和茅斯谷（Maustal，约 60 公顷）皆由葡萄种植户协作管理，远不及维尔茨堡的施泰因园等有名。

在他们约 60 公顷的种植区域内，栽培的葡萄品种之多令人印象深刻：希瓦娜（50%，包括稀有的蓝皮希瓦娜）是主要品种，另有

专供白葡萄酒的白品乐和霞多丽、雷司令和米勒 - 图高、黄穆斯卡特拉和麝香 - 希瓦娜（长相思），以及专供红葡萄酒的黑品乐、赤霞珠、美乐、芳品乐（马德莲品乐）和蓝波特基斯。葡萄藤为 20 ~ 50 岁。2004 年起，他们对部分葡萄园实行有机栽培，并于 2009 年获得所有区域的有机认证。

乌里解释说："我们的葡萄酒应该传达葡萄本身集中、辛辣的味道。因此，我们不操纵酿酒过程，而是在葡萄园中下足工夫，尽可能培育出健康、成熟、浓郁的葡萄。"

在他看来，希瓦娜是最令人叹为观止的葡萄品种，"虽然不散发浓烈的香气，甚至没有什么独特的香味特征，但它对于产地特别之处的演绎却是与众不同的"。

果然，5 款吕克特希瓦娜葡萄酒无一不展现鲜明的个性。这源于土壤的不同。在苏茨费尔德，葡萄生长在页岩石灰岩（上壳灰岩阶时期）向考依波岩统（三叠纪晚期）过渡的地段。茅斯谷以壳灰岩层为主，带来浓厚复杂、有烟熏味和结构感的葡萄酒。而在西瑞克斯山的上半部，石灰岩之上是 3 ~ 7 米厚的下考依波岩统层，这会对葡萄酒产生影响，使它们更优雅、精致。

吕克特葡萄酒能获得高品质，葡萄园的工作是基础。其中，树冠管理（修剪新梢、摘叶、夏季剪枝）非常重要。隔行施放绿肥，以改善土壤结构、限制葡萄藤的活力；其他行则铺上稻草，防止土壤的流失。

作为德国酿酒商，他们更是少有地选择了高登式培形法（短枝修剪体系，使用的地区有法国香槟区等）。乌里说："用高登式培形

右图：沃尔夫冈（中）、乌尔里希·吕克特（右）两兄弟和乌尔里希的儿子菲利普，身后是他们类型广泛的酒桶

法，我们从一开始就限制产量，收获浆果更小、风味更浓的小葡萄。"于是，疏果变得没有必要。收获前 2 ～ 3 周，将葡萄完全暴露于阳光下。葡萄收获（进行多达 4 次的选择性采摘，也是为了白葡萄酒的酿造）先从米勒 - 图高开始，从 9 月下旬一直持续到 11 月初，然后再开始雷司令的采摘。

葡萄不除梗，直接压榨。长相思、黄穆斯卡特拉、希瓦娜和雷司令浸皮 8 ～ 15 小时。将葡萄汁送入不同尺寸（400 ～ 5 000 升，主要是斯佩萨特橡木）的酒桶。发酵一直持续到 2 月底或 3 月。

相对于不足 10 欧元的售价，这款来自西瑞克斯山葡萄园 1961 年老藤的希瓦娜葡萄酒，着实令人惊叹：深厚、成熟，颇为强劲和复杂。

酒糟陈酿直至装瓶前 1 个月。发酵停止后 3 ～ 4 周搅桶。1 ～ 2 周后，用硅藻土过滤；1 周后，装瓶。在 2010 和 2008 这样的年份，允许白葡萄进行苹果酸 - 乳酸发酵。

顶级佳酿

Silvaner Kabinett Alte Reben [V]
相对于不足 10 欧元的售价，这款来自西瑞克斯山葡萄园 1961 年老藤的希瓦娜葡萄酒着实令人惊叹：深厚、成熟，颇为强劲和复杂。2010 浓郁多汁与纯净和咸味并重，结构紧实，浓度出众。2009 十分浓醇多汁，又兼具精细、辛辣和矿物味。散发烟熏香气，还有浓浓的果香。残糖量比平常（5.2 克 / 升）多一点点，颇为撩人。

Silvaner Gelbkalk
据官方称，这些 40 多年的葡萄藤从西瑞克斯山扎根黄色石灰岩坡，这里是考依波岩统和壳灰岩

土壤的边界。吕克特兄弟于 2008 年买下这块地，后发现无论葡萄果实还是成品葡萄酒，都有着截然不同的味道，与苏茨费尔德的其他葡萄酒很不同：微妙、辛辣，精巧十足，带有咸味和绵长的矿物味。第一款年份酒 2008 口感细腻精致，收结处是浓烈的水果风味，伴有挥之不去的矿物味，回味咸。2009 不仅更浓醇热烈，还呈现烟熏味、果味和十足的矿物味；好似在口中起舞。2010 也十分高雅，苹果酸 - 乳酸的充分发酵，使其柔顺又兼具紧实与辛辣。

Silvaner ***
这款顶级希瓦娜葡萄酒的原料生长在茅斯谷最陡峭的部分，从 1962 年的老藤结的果实中精挑细选而来。浆果个头偏小、多汁、味浓。葡萄酒深厚强劲、饱满顺滑，浓度表现令人印象深刻，复杂的结构还需 3 年或更多时间的发展。2009 呈现接近热带水果的风味，伴随着最棒的草本香和淡淡的烟熏石子味。质地圆润绵软，与之平衡的是细腻的酸度和雅致绵长的矿物味。余味浓烈，咸味突出。2008 的口感没那么丰富，但纯净雅致，十分细腻精巧。2007 深厚复杂，呈现的香气与口感都很浓郁。强劲、浓醇、柔顺，是重视质地的酿酒人眼中理想的年份。2004（仍用软木塞封瓶，而不是螺旋盖）和 2007 一样浓醇，但有更多酸味和冲劲。咸味突出，结构好，充满活力，是一款真正的希瓦娜佳品，刚适合开瓶饮用。

泽赫霍夫·吕克特酒庄概况
葡萄种植面积：约 16 公顷
重要葡萄品种：希瓦娜、雷司令、白品乐
平均产量：100 000 ～ 120 000 瓶
地址：Kettengasse 3–5, 97320 Sulzfeld a. Main
电话：+49 932 123 778

维尔特纳酒庄（Weingut Weltner）

出生于 1975 年的保罗·维尔特纳，在斯泰格沃德地区的勒德尔塞镇（Rödelsee）定居，首次酿酒至今，一直创造的是持重、复杂、高雅的葡萄酒，且陈酿潜力巨大。在棘手的 2000 年，维尔特纳接任父亲沃尔夫冈（Wolfgang）的酿酒师工作，当时出产的第一批葡萄酒至今尝起来依旧不俗。

在他约 8 公顷的葡萄园中，重点品种是希瓦娜（60%）和雷司令（10%），同时也栽培米勒-图高、施埃博、长相思、白品乐和黑品乐。葡萄藤扎根于来自三叠纪晚期的考依波统土壤。在勒德尔塞镇和伊福芬镇（Iphofen）的土壤里，石膏含量高，出品的葡萄酒往往带有天然的还原味。保罗强调了这份特色，创造出天然奔放又不失明确精致的葡萄酒，寿命长，充满张力和矿物味。

保罗说："我们有顶级的种植位置，富含矿物质的土壤十分有趣、复杂。为了在我们的葡萄酒中体现这一点，我的工作必须非常的精细和准确。我不想要太成熟的葡萄，也不喜欢随处可见的异域风格。我更喜欢还原风格的葡萄酒，需等待两三年再开启，新鲜、轻盈和矿物味是它们的特征。"

酒庄最好的葡萄酒出自勒德尔塞镇的库肯迈斯特（Küchenmeister）和伊福芬镇的朱利叶斯山（Julius-Echter-Berg，简称 JEB），两者都被列为 VDP 头等园。因为在朝南的 JEB，至少还有 3 家顶级酒庄（朱理亚医院酒庄、路克酒庄和维尔盛酒庄）参与，所以保罗决定集中更多精力在库肯迈斯特，他在那里拥有约 4.6 公顷的葡萄园。在西南朝向的天鹅山（Schwanberg）山麓，海拔为 250～340 米，免受来自东面和北面的凉风侵扰。"悬挂时间比在 JEB 多 1 周，或许因此带来更精致复杂的葡萄酒，带有草本植物

上图： 这座家族酒庄手工标牌的颜色体现了他们葡萄酒酷爽、带矿物味的风格

的风味和突出的酸味"。他的库肯迈斯特雷司令珍藏酒，等待至少 5 年后状态最佳；他的希瓦娜，无论是更轻盈的珍藏酒，还是更复杂的头等园干酒，等待至少 6 年后表现出众。

采收时间晚，但不会太晚，因为保罗追求的干酒没有过高的酒精含量，传递的是风土，而不是成熟或过熟浆果的特性。于他而言，13% 的酒精度是最高极限。2010 年，他的葡萄酒表现极佳，酒精度为 12%～12.5%，残糖量也很低。葡萄孢菌被杜绝，每年都如

此。浸皮时间通常在 2 ~ 8 小时，具体取决于年份和品种。发酵过程大多天然，置于不锈钢罐中，温度为 18 ~ 20℃，为期 3 周。在某些年份，晚收的雷司令还需增加 2 周时间，结束时残糖量较高，但可以接受（过去10 年，6.4 ~ 11.4 克 / 升；希瓦娜则为 1.8 ~ 4.6 克 / 升）。

保罗·维尔特纳的希瓦娜葡萄酒是独特的，提供了一个崭新的、自信的弗兰肯风格，远不同于雷司令。相比大多数希瓦娜，它们没有那么多的果味和华丽口感。

保罗·维尔特纳的希瓦娜葡萄酒（自2005 年以来，他一直使用老式拼写——"Sylvaner"，以彰显弗兰肯的希瓦娜传统）是独特的，提供了一个崭新的、自信的弗兰肯风格，远不同于雷司令，和那些 90 年代后期兴起、至今依然成功的"水果炸弹（fruit-bomb）"葡萄酒更是大相径庭。相比大多数希瓦娜，它们没有那么多的果味和华丽口感。相反，它们纯净质朴、辛香刺激，有泥土和草本的风味，以深厚的矿物味打底，酸味雅致，余味悠长，带咸味。

顶级佳酿

Iphöfer Julius-Echter-Berg Sylvaner Kabinett trocken [V]

2010 ★ 散发成熟而集中的水果芬芳，十分的清晰、辛香。口感多汁、柔顺，有矿物味，比 Küchenmeister 有更多浓烈的果味。想成为 Küchenmeister，就要先达到这款 Echter- Berg 的顶峰。

左图：保罗·维尔特纳，有着超乎年龄的智慧，开创独特的弗兰肯希瓦娜风格：矿物味与辛香并行

2004 ★ 香气灿烂清新，有泥土和花香味，伴随精致细腻又颇为强劲的果香。酒体轻盈、清澈，口感雅致，非常辛咸、开胃；呈现矿物味的结构，回味十分持久。

Küchenmeister Sylvaner GG

2010 ★ 十分纯净、优雅、复杂，散发草本和花卉的芳香，还有朴实而雅致的水果风味。辛咸的矿物味。呈现良好的酸度、很好的平衡，还有持久力。潜力巨大。

2009 更饱满丰富，相比泥土味，更突出的是热带风味，既复杂又集中。矿物质的特性依旧突显。口感强劲持久，雅致，咸味可口。潜力巨大。

2008 还很含蓄，有果仁的风味，又不失雅致和草本气息。酒体轻盈，回味佳。仍在不断变化中，但值得等待。

2007 十分浓烈的果香，口感上也如此：雅致、辛辣，有矿物味。在 2011 年的表现十分迷人。

2004 这是一款卓越的希瓦娜葡萄酒。香气馥郁，口感亦如此。同时又非常的纯净、细腻、辛咸，在精致酸度的作用下越发明显。还要陈酿很多年。

2001 ★ 美妙，已成熟。呈现草本植物的芳香和风味。十分细腻的甜味、黑醋栗味和矿物味，配以紧实而雅致的结构，单宁精细直接。是经典之作。

2000 香气与口感都呈现草本味。集中，依旧鲜活，配以美妙的酸度。佐食饮用，非常可口。

维尔特纳酒庄概况
葡萄种植面积：约 8 公顷
平均产量：56 000 瓶
地址：Wiesenbronner Strasse 17, 97348 Rödelsee
电话：+49 9323 3646

8 | 符腾堡

多泰尔酒庄（Weingut Dautel）

恩斯特·多泰尔的第一批葡萄酒于 1978 年装瓶，但家族从 1510 年起就参与葡萄栽培，是德国葡萄酒革命的先驱之一。以质量为先的他总是打破传统，创造一些从未在符腾堡出现，却从此不可或缺的葡萄酒。恩斯特·多泰尔是德国第一批使用波尔多橡木桶的酿酒商（在 20 世纪 80 年代中期），也是最早栽培霞多丽、解百纳、美乐等国际品种的酿酒商之一，只是该做法在 1988 年还未受法律许可。他还是德国最早一批创造出混酿葡萄酒（Kreation，1990 年）的酿酒师。如今，多泰尔酒庄位于符腾堡的最佳地块之列。在它广泛的产品线中（60% 红葡萄酒，40% 白葡萄酒），无论你品尝的是哪一款，无一例外都很出色。

　　两处独立葡萄园更特地采用生态友好的方式栽培葡萄。位于伯尼格海姆镇（Bönnigheim）的太阳山（Sonnenberg），特色是营养丰富的厚层考依波统土壤（彩色泥灰岩、中考依波岩统和芦苇砂岩），生产酒体醇厚、强劲有力的葡萄酒，并具有很好的陈年潜力。贝西海默镇（Besigheimer）的武尔姆山（Wurmberg）位于西南方向几千米处，是一座非常温暖的梯田式陡峭斜坡，近恩茨河，石灰岩土壤孕育出口感辛咸的葡萄酒，精致而优雅。

　　在最近一次涵盖约 20 款葡萄酒的品鉴会上，我们看到了酒庄从 2008 年份酒开始，风格向雅致、清新、纯净的转变。恩斯特·多泰尔自然功不可没，但据我推测，让酒庄葡萄酒更上一层楼的是他的儿子克里斯蒂安（Christian），是他的干劲和勇气带来的改变。

右图：恩斯特和克里斯蒂安·多泰尔父子档，特立独行，为德国葡萄酒的变革贡献了重要力量

以质量为先的恩斯特·多泰尔总是打破传统，创造一些从未在符腾堡出现却从此不可或缺的葡萄酒。多泰尔酒庄位处符腾堡的最佳地块之列。

他是一个聪明、热情、思想开阔的葡萄酒狂，从 2008 年起就一直为家族贡献灵感。

虽然，克里斯蒂安显然得益于他在国外的所有经历，但他也大方承认，对他的思想影响最大的是勃艮第。"勃艮第优质葡萄酒的纯净、清新和长寿实在让我惊讶。我喝的 50 年陈酿酒至今依然复杂、充满活力。"无论身处何地，他总是将在国外品尝的葡萄酒与自家酒庄的葡萄酒比较。"于是，我认识到哪些是我们必须要做的事，也学会了一定要专注于我们的强项：关于果味、精巧和优雅的一切。"

他特别关注黑品乐和林伯格，还有霞多丽和白品乐。采摘时间较以往提前，含糖量为 92 ~ 95°。2010 年，酒庄的高端 S 系红葡萄酒，还有雷司令头等园干酒，都是在木桶中自然发酵；2011 年，霞多丽 S 系和白品乐 S 系也是如此。从 Damy 处购入的新木桶较以往烘烤度减轻。克里斯蒂安澄清葡萄汁的程度和他父亲不同，在他看来，林伯格的酿造应该更像黑品乐，而不是赤霞珠，主要是较少萃取。与往年相比，2010 年的霞多丽、白品乐和灰品乐在强劲、浓醇和甜味上有所减弱，现在更倾向于纯净、清新，还有盐土味。我很确定，多泰尔酒庄未来的 30 年一定和它的头 30 年一样激动人心。

顶级佳酿

2010 Besigheimer Wurmberg Riesling *** [V]

香气纯净、简单，口感轻盈、生动、辛咸。十分纯净、扣人心弦，配以不错的浓度和细腻的水果风味。非常美味。

左图：整齐排列的波尔多橡木桶。恩斯特·多泰尔是 20 世纪 80 年代中期德国最早引入这种木桶的酿酒商之一

2010 Chardonnay S

散发的香气很有勃艮第的风格，十分明确，还有淡淡的蜜瓜甜味。因为搅桶，口感丰富、甜美、醇和；同时又有矿物味，十分清新，极其精巧，强劲又震撼。

2010 Weissburgunder S

散发精致的水果香气，清晰明确。入口多汁，纯净雅致，十分清新，味咸。没有上一款 Chardonnay 那么强劲，但非常好喝。

2009 Lemberger S

散发纯净而精致的花香，以及樱桃、深色浆果和甘草的芬芳。入口丝滑，有甜甜的成熟果味，配以精致的单宁和平衡良好的酸度。十分细腻、和谐、开胃。

2009 Bönningheimer Sonnenberg Spätburgunder GG

第一款头等园干酒。深邃、清冽，略带烟熏味，纯净而清新，散发花的芬芳和红浆果的香气。入口丝滑，清新而明确，十分优雅。果味浓，多汁。余味迷人，后劲刺激但可口。十分精巧、细致。

2001 Kreation Rot ****

这是一款林伯格、美乐、解百纳的混酿葡萄酒，在法国波尔多橡木桶中陈酿 2 年。散发成熟芬芳的陈酿香气：花卉、干果、樱桃、李子皮和红茶。入口清新、圆润、丝滑，又不失力度，带淡淡的甜味。精致而有活力，余味咸。

多泰尔酒庄概况

葡萄种植面积：约 12 公顷
平均产量：90 000 瓶
地址：Lauerweg 55, 74357 Bönnigheim
电话：+49 7143 870 326

雨博酒庄（Weingut Bernhard Huber）

伯恩哈德·雨博（Bernhard Huber）是德国过去 20 年最举足轻重的酿酒商之一。他的黑品乐葡萄酒，尤其是那四款头等园酒，拥有世界级的品质，经常被勃艮第的知名生产商误认为是他们自己的葡萄酒。同样令人难忘的是纯净又极复杂的黑克林根宫殿山霞多丽（Hecklinger Schlossberg Chardonnay）。雨博酒庄的品乐葡萄酒（白品乐和黑品乐也同样不凡）浓郁、成熟、复杂，又兼具优雅、清新、纯净。两者结合之精妙，在德国可谓难逢敌手。

之所以会有人将雨博的黑品乐和顶级勃艮第混淆，主要原因有两个。据雨博介绍，马尔特尔丁根镇（Malterdingen）、黑克林根镇（Hecklingen），还有其他几个村庄的土壤与金丘产区的相同：都是风化的页岩石灰岩（壳灰岩）。也许这就能解释为什么 700 多年前勃艮第的西多会修士会将黑品乐带入马尔特尔丁根地区。再者就是"贝福特缺口"（Belfort Gap，指孚日山脉南部和侏罗纪岩层之间的缺口，地中海暖流通过这个缺口进入莱茵平原）的气候影响。这两点令雨博从 25 年前酿酒之初就一直集中精力在品乐品种上。

比历史和土壤更具勃艮第风格的是雨博酒庄的黑品乐葡萄，无论来自克隆还是菁英选择。不过在雨博看来，目前最好的黑品乐葡萄是来自附近肯钦根镇（Kenzingen）弗兰克苗圃（Frank nursery）的克隆品种。雨博对雷纳·弗兰克（Rainer Frank）的克隆品种赞不绝口："个头小，果串疏松，芬芳扑鼻，我从没见过如此接近勃艮第的品种。"

雨博黑品乐酒的清新、雅致和精巧，在

右图：才华横溢又为人谦逊的伯恩哈德·雨博，和妻子芭芭拉、儿子朱利安，在他们位于马尔特尔丁根镇的酒庄里

雨博酒庄的品乐葡萄酒（白品乐和黑品乐也同样不凡）浓郁、成熟、复杂，又兼具优雅、清新、纯净。两者结合之精妙，在德国可谓难逢敌手。

很大程度上也归功于葡萄采收（自然是全部手工采摘）。雨博选择在浆果成熟但还不过熟的时候采摘。他解释说："我喜欢它们刚刚成熟的状态，采摘日也是喜早不喜迟。这当然和含糖量有关，但我也想要明快的酸度。"含糖量为 95 ~ 98°，但由于发酵过程中损失酒精度 0.5%，所以他会加糖，以达到 13.3% 或（最多）13.5% 的酒精度。

最后，是众多不同因素的融合令雨博酒庄的黑品乐无比复杂、精巧：含矿物质的石灰岩土壤；老藤和法国勃艮第、德国最高品质的新老克隆品种；低产但适应性好的砧木；高密度种植；减产（疏果）；每公顷葡萄园 900 个工作小时；落实到每块地的确切采摘日期；温和加工（把这些葡萄当作玻璃球一样小心处理）；在精挑细选的法国波尔多橡木桶中熟成……更不必说他们的用心、直觉、理解力等。

1987 年，伯恩哈德·雨博以约 5 公顷的葡萄园、一架陈旧的篮式压榨机和 3 个出租酒窖里 110 ~ 330 升的橡木桶开始葡萄酒的酿造；如今，已然到达事业的巅峰。现有约 27 公顷的葡萄园；其中，黑品乐为 65%，霞多丽为 10%，白品乐为 10%，灰品乐为 7%。很难想象，已经如此优秀的葡萄酒还能有怎样的提升。也许，要维持这份高品质，甚至比当初达到它时更困难。但伯恩哈德·雨博显然已扎根于这片土壤，如果说有人能留在这个顶峰屹立不倒，那一定是他。

2004 年至今，他打造了多达 7 款的黑品乐葡萄酒，如雨博黑品乐（Huber Spätburgunder），来自最年轻的葡萄藤，产量 6 500 升 / 公顷；卓越的马尔特尔丁根黑品乐（Malterdinger，村庄级），来自 12 ~ 20 年的葡萄藤，产量 5 000 ~ 5 500 升 / 公顷；老藤黑品乐（Alte Reben，头等园），来自 20 ~ 40 年的葡萄藤，产量 3 700 升 / 公顷，是一款混合了 4 款头等园（下文会提及）副牌酒的混酿，令人印象深刻。

要是你有机会接触到雨博酒庄精巧细致的黄穆斯卡特拉珍藏酒（Gelber Muskateller Kabinett），它可以是干型或半干型酒（具体取决于年份），请尽情品尝、畅饮吧，你肯定会爱上它！这是一款被摩泽尔河轻吻过的布莱斯高（Breisgau）的葡萄酒，会让你激动到落泪。

顶级佳酿

（品尝于 2011 年 5 月、9 月）

Bienenberg Spätburgunder GG

蜂山（Bienenberg）自 1971 年起一直是马尔特尔丁根最大的种植区，覆盖面积约 150 公顷。栽培葡萄约 15 公顷，是雨博酒庄最重要的葡萄园，其中 10.45 公顷列为头等园干酒产地后，重要性更是凸显。黑品乐占 60%，在东南部种植；霞多丽、灰品乐和白品乐则种于西南部。整体看来并不十分壮观，因为它的坡度相当徐缓，海拔为 230 ~ 310 米。最年长的黑品乐葡萄种于 20 世纪 50 年代，土壤是和勃艮第的尼伊产区（Côte de Nuits）非常相似的风化页岩、石灰岩。年轻葡萄藤来自勃艮第的克隆品种，种植密度高达 10 000 株 / 公顷，平均产量 3 000 升 / 公顷。葡萄酒的单宁紧实，如果你喜欢在年轻期饮用，那么醒酒会有助于它的发挥。

2008 明亮的石榴红色，微微透着蓝色的光泽。气味极其清新和明确，这是一款精致的勃艮第式品乐酒，散发成熟红莓、樱桃、紫罗兰和白胡椒的芳香。入口十分柔滑、新鲜，近乎在口中起舞，精妙而雅致。令人迷醉的甜美之下，是贯穿整瓶酒的酸度：迷人、细腻、矿物味突出。

Sommerhalde Spätburgunder GG

来自布龙巴赫（Brombach）一个占地约 2.15

公顷的头等园地块，位于布莱斯高的东部边界。朝向东南，由于东、北两侧被森林围绕，夜间温度凉爽，对葡萄园十分有利。平均海拔为 240 ～ 300 米，坡度 20% ～ 50%，主要种植黑品乐（80%），因为这里的黑品乐从不得灰霉病。葡萄种植于 20 世纪 60 年代中期至 21 世纪早期，种植密度为 4 500 ～ 9 000 株 / 公顷。大约有 40% 是来自勃艮第的克隆品种，12% 来自弗莱堡（Freiburg），雨博承认，其余实在太老，因此没人知道它们的身份。它们生长在含铁的泥灰岩土壤中，内有大量的壳灰岩（页岩、石灰岩）矿脉。产量仅限 3 000 升 / 公顷。葡萄酒呈现浓烈的果味，还有矿物味的结构，因此可在年轻期饮用。

2009 ★　深红宝石色。酒味深厚、成熟、柔软，有熟透水果的芳香。口感醇厚、浓郁、强劲、撩人，但结构紧实。酸度活泼，单宁紧致，非常优雅、持久、圆润。年轻期饮用是乐事，只要还有足够的数量用作陈年。

Schlossberg Spätburgunder GG

这是布莱斯高最引人注目的头等园，黑克林根宫殿山（占地约 50 公顷）上一块面积约 6 公顷的土地，十分陡峭，坡度 72% ～ 96%，朝向南或西南。这里的葡萄藤至少可追溯至 1492 年，因为是多黄色壳灰岩（页岩、石灰岩）的石质土壤，正如雨博所说，与博讷产区（Côte de Beaune）的土壤相似，所以同时栽培黑品乐（80%）和霞多丽（20%）。种植年份在 1975 年至 2004 年之间，但大多集中于 20 世纪 90 年代早期和中期，此时雨博开始种植法国的克隆品种。种植密度高达 6 250 ～ 13 000 株 / 公顷，产量却低至平均 2 800 升 / 公顷。因为斜度和朝向的原因，光照强度非常高，这赋予葡萄酒深厚、柔顺、温暖的特质，但又结构紧密、十分浓烈，有矿物味。在我的很多同事看来，这是雨博最卓越的头等园品乐酒。多年来，我一直尝试给他的头等园酒排名，还没有最终结果，但我会乐此不疲地继续下去。干杯！

2008 ★　呈现风土带来的迷人草本和烟熏味，带有橡木味的咖啡和巧克力香，相当奇妙。刚打开时还颇为封闭，片刻之后就会释放浓烈又精致的覆盆子香气。20 小时后再回来，酒香豪华丰富，但又极其的细致、辛香。满口是最好的黑品乐，很浓烈、柔顺，甜味惊艳，极其多汁。丰富、圆润、丝滑，单宁极细，回味温暖而持久。很年轻，但品质出众无疑。

Wildenstein Spätburgunder Reserve

产自广袤蜂山上的一小块土地，还不属于头等园干酒，但绝对配得上头等园的称号。这块名为 Willistein 的梯田位于酒庄附近，据雨博描述，700 年前就有来自勃艮第的西多会修士在这里栽培葡萄。土壤微红，局部有很多岩石。由于种植密度相当高，达 5 000 ～ 10 000 株 / 公顷，故根部向深处生长，为葡萄藤提供微量元素和矿物质。成品葡萄酒总是极富表现力：深厚，极其持久，但又不失精致和细腻，陈年潜力无限。

2008 ★　纯净、雅致、精巧是一款伟大品乐酒最重要的特质。鲜艳的石榴红色。酒香迷人，散发精致的红浆果香气，十分雅致、和谐，深邃且略带烟熏味。入口绝妙，矿物味突出，紧实，还有一点点涩味，但余韵直接。质地非常细腻、柔滑，结构复杂、精致，新鲜度惊人。的确给人以口中起舞的感觉，百转千回。潜力巨大。

2005 ★　相当深的石榴红色。散发极精炼的品乐风味，近乎花的芬芳，十分细腻诱人，带有矿物味的辛香。论口感，它是我印象中最精妙的德国品乐酒之一。非常浓烈、甜美、悠长，又飘逸、灵动，如丝般顺滑，酸度精致。是一款令人兴奋的葡萄酒。

雨博酒庄概况

葡萄种植面积：约 27 公顷
平均产量：170 000 瓶
地址：Heimbacher Weg 19, 79364 Malterdingen
电话：+49 7644 1200

凯勒黑鹰酒庄（Franz Keller / Schwarzer Adler）

酒庄位于凯泽施图尔山（Kaiserstuhl）上的福格茨堡-奥伯贝根（Vogtsburg-Oberbergen）。它的主人弗里茨·凯勒（Fritz Keller）不仅是一位极富性格魅力的知名酿酒人，还成功经营酒店和餐厅（黑鹰餐厅从1969年起就是米其林一星餐厅），是一个满怀热情的葡萄酒商人（经营最好的波尔多和勃艮第葡萄酒），也是弗莱堡体育俱乐部（SC Freiburg）的第一任主席（本书撰写期间，俱乐部还在德甲之列）。最重要的是，弗里茨·凯勒十分慷慨好客。在我上次拜访酒庄时，只是表达了品尝10瓶酒的想法，他却一下准备了50瓶。我们逐一品尝、讨论，即使天色渐晚，当天还有一场欧冠联赛的电视直播。

这座占地约62公顷的葡萄酒庄园，从1990年起由弗里茨·凯勒作为家族第4代接手经营，长久以来凭借一流的干型葡萄酒闻名于世。灰品乐（36%）、黑品乐（26%）和白品乐（17%）是阿赫卡伦（Achkarren）、奥伯罗特韦尔（Oberrotweil）、奥伯贝根（Oberbergen）、谢林根（Schelingen）、比绍芬根（Bischoffingen）、杰克汀根（Jechtingen）等地葡萄园最主要的葡萄品种。但是，在黑鹰餐厅或是更本土的葡萄架（Rebstock）餐厅，首选的葡萄酒却是口感集中但又清新快意的低音提琴希瓦娜（Silvaner Bassgeige），产自近40年的老藤。凯勒如说："我喜欢这款酒脆爽的余味，我所有的葡萄酒，包括那些最好的，也都应如此。"

的确，他的简单风格葡萄酒味干而优雅，尤其在与食物搭配时，总是那么令人兴奋。凯勒称它们为"包豪斯葡萄酒：纯净、清澈、

右图：弗里茨·凯勒，家族庄园第4代继承人，多才多艺，身兼数职，还能专心酿造品质杰出的葡萄酒

这座家族庄园，从 1990 年起由弗里茨·凯勒作为家族第 4 代接手经营，长久以来凭借一流的干型葡萄酒闻名于世。

实用性强。品质高，不靠那些故弄玄虚的噱头。它们不是少数人的奢侈专享，而是人人可饮的佐餐佳品"。自从他以凯勒黑鹰品牌为德国一家折扣商店酿造巴登特色葡萄酒后，就陆续收到一些措辞严厉的批评，来自业内某些自视甚高的声音，即使这些葡萄酒真的相当不错，很适合畅饮。

即使你偏爱丰满、浓烈、醇厚的葡萄酒，也可能依然欣赏凯勒精选红、白葡萄酒的脆爽与活力。凯勒解释说："特别是近几年，我们降低酒精度，提高浸出物的含量，因而增进了葡萄酒的陈年潜力。"他降低树冠高度以延长葡萄的营养生长期，得益于海拔约 380 米的位置带来的凉爽环境，挑选完全成熟和健康的葡萄，且含糖量不超过 98°，如此就不必人工加糖。他还强调："我们经克隆品种或菁英选择得来的葡萄，无论如何含糖量都不会高于100°。"最古老的黑品乐葡萄藤在 50 岁左右，而法国的品乐克隆品种则只用于新的种植园。

尽管主要栽培勃艮第品种，但酒庄最好葡萄酒的酿造却更接近波尔多模式。单一园葡萄酒的价位仅为中等，顶级葡萄酒则选用不同地点的葡萄混酿。

酒庄大约三分之一的葡萄酒来自奥伯贝根的低音提琴葡萄园（Oberbergener Bassgeige）。这是一座地处奥伯罗特韦尔和谢林根之间的庞大葡萄园，朝南、西南、西。黄土层土壤部分混入玄武岩和火山石，因此，即使在较温暖的年份，葡萄酒中精细提神的矿物味也能与整体的果味形成对比。

奥伯贝根朝南的普尔弗布克葡萄园（Oberbergener Pulverbuck），主要出产凯勒黑鹰颇具马贡酒（Maconnais）特色的白品乐葡萄酒，从顶部像一根舌头伸入低音提琴地区，赋予晚收的葡萄酒成熟水果的风味，以

及显著的酸度和挥之不去的矿物味。

阿赫卡伦宫殿山（Achkarrer Schlossberg）是这个地区最好的葡萄园之一：非常陡峭，坐北朝南，多岩石的火山土壤迫使品乐葡萄的根部向更深处生长。

凯勒黑鹰酒庄的顶级葡萄酒来自弗里茨安东（Franz Anton）、S 和 A 精选系列。对于其中的 A 系列葡萄酒，无论你是否称它们为头等园酒，其实都不重要。它们只选用杰出年份品质非凡的葡萄为原料，甚至比引人注目的 S 系列一级园酒更显浓醇和复杂。每个系列的葡萄酒都在多地取材。精细而复杂度较低的弗里茨安东系列，在多处地点的最高和最低区块选取葡萄混酿，以配合不同采收期；S 系列和 A 系列的葡萄酒就精选不同葡萄园的葡萄混酿。S 系列选取的葡萄生长于混合土壤，以火山岩为主，上覆黄土层；A 系列则取材自小块土地，纯火山岩、玄武岩土壤，并有厚层石灰岩贯穿其中。这可能是欧洲独一无二的土壤类型，赋予葡萄酒与众不同的结构和矿物味。将不同海拔高度、不同成熟期的葡萄结合，则让 A 级系列葡萄酒更添复杂。

新鲜的单一品种白葡萄酒经过除梗，直接压榨，随后放入不锈钢罐中发酵、陈酿，而更为复杂的葡萄酒则在巨大的传统橡木桶中陈酿。S 系列和 A 系列的白葡萄酒在不锈钢罐中完成发酵，后转入 225 升和 350 升的小桶陈酿 4 ～ 8 个月。红葡萄酒在法国波尔多橡木桶中陈酿 12 ～ 14 个月。葡萄酒的陈酿都在"贝格凯勒"（Bergkeller）里进行，这是凯勒在黄土地层中修建的一个壮观的隧道系统。这里的温度恒定在 12℃，还贮藏了约 2 400 瓶全球顶尖的葡萄酒，主要来自波尔多和勃艮第。这里供应的酒款有很多都出现在欧洲最具吸引力的餐厅酒单上。

顶级佳酿

（品尝于 2011 年 11 月）

2010 Oberbergener Bassgeige Grauburgunder Vum Steinriesen [V]

高挑的莱茵酒瓶标志着这是一款清新、纯净、爽口的灰品乐（Pinot Gris）葡萄酒，香气十分清晰有力，口感上也是如此。有白色水果的芬芳、活泼的酸度和辛咸的矿物味。

2010 Achkarrer Schlossberg Grauburgunder [V]

这是一款品质极好的灰品乐葡萄酒，来自该地区最好的葡萄园之一。这款清瘦而简单的葡萄酒，香气灿烂，浓厚，紧密，辛咸，充满生气，简直如火山般火爆，且颇为持久。

Grauburgunder A

2010 香气素雅。十分清晰、纯净，有咸味；直接明了，余味紧致而悠长。还需 2 ~ 3 年的发展。

2007 鲜明、成熟、集中的水果风味。酒体重，浓厚甜美，口感复杂；咸味很突出，颇有勃艮第葡萄酒的风格。回味悠长。

Chardonnay A

2010 香气颇为纯净、精致，入口亦如此。多汁而复杂，极咸，带有少许新橡木味（100% 新波尔多橡木桶）；回味悠长，扣人心弦。表现出色。

2009 浓厚多汁。这款成熟、复杂，又不失优雅的葡萄酒，酒体强大，并有酸度相助。

2007 从口感分析，属于绝干。这款晶莹、纯净、优雅的葡萄酒，因丰富的浸出物而入口颇甜，并伴有新橡木的风味。收结处十分辛咸。

Spätburgunder S

2008 酒香干净清新，散发花的香气。入口惊人，风味紧密交织，柔滑而清冽，非常纯净直接。单宁还有些粗糙。

2007 ★ 香气馥郁，甚是迷人。丝滑纯净，白垩土味突出，坚定紧实，又凭借新鲜与纯净而生气盎然。非常棒！

Spätburgunder A

2009 深厚、成熟，呈现樱桃和烟草的复杂风味。丰满、圆润，入口如天鹅绒般柔软，浓醇且颇为强劲，结构良好，单宁紧致，回味悠长。一款巴登产区版的玻玛酒大抵如此。2014 年前不宜开瓶。

2008 散发香料味和花香，甚至是青柠的香气。口感紧实，还很年轻；非常清新、纯净，质感丝滑，直接而持久。2008 年份酒比 2009 年份酒更显精巧细腻，不过后者的陈年潜力可能更佳。

2007 ★ 散发浓厚但精致的花香。口感丰富、集中且多汁，单宁极细，酸度精致。力量与精细的碰撞。潜力很大，是非常出色的葡萄酒。

2005 ★ 酒香浓烈、芳醇、成熟，散发甜樱桃和李子的芬芳；略带烟熏味，也有美妙的花香。口感上乘，颇为迷人。这款引人注目的葡萄酒柔顺、甜美、醇和，还有优雅的酸度和精致的单宁相助。回味悠长，以花香收尾。最适合现在或未来 5 年饮用，真的是一款非常出色的葡萄酒。

凯勒黑鹰酒庄概况

葡萄种植面积：约 62 公顷

平均产量：450 000 瓶

地址：Badbergstrasse 23, 79235 Vogtsburg-Oberbergen

电话：+49 766 293 300

黑格酒庄（Weingut Dr. Heger）

坐落于伊林根镇（Ihringen）的黑格酒庄创立于 1935 年，创始人麦克斯·黑格（Max Heger）是一位执业医师，兼职酿酒。他在伊林根温克勒山（Ihringer Winklerberg）和阿赫卡伦宫殿山（皆为凯泽施图尔西南面山坡上蔚为壮观的独立葡萄园）分别购入地块。两地都呈阶梯状，坐北朝南，借助蓄热石墙和风化火山岩土壤得以享受得天独厚的微气候，较冷年份也是如此。据悉，他的葡萄酒早在 75 年前就呈现非凡的品质。那时，75% 的种植面积都用于栽培希瓦娜，葡萄酒的数量却很稀少。所幸，如今酒庄的葡萄酒依然出色，只是希瓦娜已所剩无几。

约阿希姆·黑格（Joachim Heger）从 1982 年开始酿酒。十年后，他与妻子西尔维娅（Silvia）一起从父亲沃尔夫冈（Wolfgang，绰号知更鸟）手中接过酒庄的经营重任。从此，他将重心放在黑品乐、灰品乐、白品乐和雷司令上。每个品种都有两款头等园酒，即温克勒山头等园干酒和宫殿山头等园干酒。尽管两地都非常温暖（2010 年的夏季温度高于平均值，排第 17 位），葡萄酒相应浓醇，但也不乏优雅与精巧。火山土壤富含矿物质，这在葡萄酒里也有所体现：咸味重，复杂，但又不失优雅。

黑格致力打造的是优雅、精妙、持久的葡萄酒，拥有矿物的深度和充满活力的酸度。为此，团队在葡萄园开展的工作甚是精细，这也一直是黑格葡萄酒高品质的基础。为了搞清楚这些葡萄园及园内地块的需求，黑格聘请法国土壤生物学家克劳德·布吉尼翁（Claude Bourguignon）担任"风土问题"方

右图：约阿希姆·黑格，尽管自己的葡萄酒已广受赞誉，但还是远见卓识地希望品质能更进一步

虽然从 20 世纪 90 年代起就跻身德国最受推崇的酒庄之列，但黑格酒庄的
葡萄酒却是从 2008 年份起才呈现前所未有的精细与微妙。

黑格酒庄（Weingut Dr. Heger）

上图：朝南的温克勒山气候温暖，富含矿物质的火山土壤似乎有助于葡萄酒呈现复杂与雅致的特性

面的顾问，如可持续耕作、葡萄藤管理和有机肥料等。

　　事实上，黑格酒庄也在经历着变化。虽然从 20 世纪 90 年代起就跻身德国最受推崇的酒庄之列（尤其凭借它的温克勒山黑品乐葡萄酒），但它的葡萄酒却是从 2008 年份起才呈现前所未有的精细与微妙。口感不是那么的宽阔与厚重，而是更清新、更精准、更

富矿物味，喝起来也更有乐趣。

　　酿造白葡萄酒时，用葡萄的整个果串压榨，一直秉承简单的风格。如今的它们，口感不再那么强劲，因为发酵和陈酿的容器由不锈钢罐换成了传统的橡木桶。微充氧，为葡萄酒天然丰富的口感增添了复杂与精巧的特性。

　　不过，真正惊人的变化是 2009 年份的

黑品乐葡萄酒，首次未经过滤装瓶，与往年相比味更干，更清新纯净，更复杂精致，质地也更柔滑。

产量依然保持低位（通过剪串和疏果的手段），但不再低得像前几年那样"傻"（用黑格自己的话说）。他承认，想得好未必就做得好。如今，品乐葡萄的采摘也大幅提前，特别是在热区。黑格认为："100°已经是极限，我越来越喜欢含糖量在90°出头。如果没有足够的酒精，我们就加糖，但会保持葡萄酒的清新感。"2010年，在古老的豪斯地块（Häusleboden），他们10日内两次采摘，将两批葡萄混酿。

黑格还购入新的无盖立式大桶（木头和不锈钢的材质），让各批次的葡萄单独发酵。近两三年来，他保留20%～35%的葡萄梗。现在的浸渍时间是17～24天（包括冷浸渍），比原来的4～6周短很多。萃取过程更轻柔，因踩皮全部手工完成，且每天只做1～2次。如今，黑格使用更多新的波尔多橡木桶，但烘烤气息淡很多。

酒庄内部将最好的葡萄酒列为三星。所有的头等园干酒都很出类拔萃，两座葡萄园产的希瓦娜葡萄酒也是如此，还有穆斯卡特（我还没尝到）。约95%的葡萄酒发酵成干型，但也有17款贵腐甜酒亮相2011～2012年的价目单。

1986年，黑格酒馆成立，以满足市场对黑格葡萄酒的需求。该标签下的葡萄酒清新、果味浓，原料葡萄大多由签约的种植户供应。

顶级佳酿

2010 Winklerberg Gras im Ofen Weissburgunder GG ★

这是一款十分紧实、纯净、辛咸的白品乐葡萄酒，带有活泼的酸度和近乎收敛的矿物味。它的复杂度令人印象深刻，收获两三年后将是一款品质卓越的葡萄酒。

2010 Winklerberg Grauburgunder GG ★

这款深厚、优雅、精致的头等园酒，香气纯净、辛香，入口浓醇、复杂。明确而浓烈的水果风味下，是刺激的矿物味和强劲的酸度，余味持久。精雕细琢，妙趣横生。十分了不起！

2009 Winklerberg Häusleboden Spätburgunder *** ★

酒香深厚，有肉味，甚是纯净、浓烈。入口如天鹅绒般柔软，味甜，丰满。致密浓厚的同时却又兼具清澈透明，新鲜紧实，收结处有一股特别提神的劲儿，还有红莓的芳香。非常集中，令人印象深刻。

2009 Schlossberg Spätburgunder GG

颜色深暗。散发黑莓和深色浆果的芬芳，带有烟熏烘烤香。柔顺、成熟、集中，又很精致、丝滑。单宁甚好，新鲜多汁，颇为紧实；有一些刺激的尖锐感。余韵持久。

2005 Winklerberg Spätburgunder ***

酒香甜美温和，花香味伴有干水果、李子和葡萄干的香气。入口十分柔软多汁，有烟草和紫罗兰的风味；丰满浓郁，又在酸度和成熟单宁的作用下精致丝滑。收结处伴有黑醋栗味。这款酒现在是非常可口的状态。

黑格酒庄概况

葡萄种植面积：约20公顷
平均产量：120 000 瓶
地址：Bachenstrasse 19/21, 79241 Ihringen/ Kaiserstuhl
电话：+49 7868 205

10 | 法尔兹

弗雷德里希·贝克酒庄（Weingut Friedrich Becker）

多年来，位于法尔兹远南地区的弗雷德里希·贝克酒庄，一直是德国屈指可数的顶级黑品乐酿酒商。它的顶级葡萄酒——黑品乐珍藏（Spätburgunder Reserve）和黑品乐（Pinot Noir），都是"特选酒系列"，常常在德国的葡萄酒出版界获评最高分。2001～2009年，被《高特米洛德国葡萄酒指南》（Gault Millau German Wine Guide）授予最佳黑品乐荣誉的年份酒非此即彼，总共不下8次。只是，两款葡萄酒数量稀少且价格昂贵，并不太具代表性。

我并不想在这本书里写一些近乎不可得的酒款，因此请他们让我品尝了两款黑品乐头等园干酒（Grosses Gewächs Spätburgunder）——圣保罗（St. Paul）和卡默山（Kammerberg）。奇怪的是，虽然两款葡萄酒在酒庄内部的排名都低于上述获奖的罕见酒款，但是每款3 000～4 000瓶的产量却让它们更具代表性。小贝克莱纳·弗里茨（Kleiner Fritz）让我分别品尝了黑品乐头等园干酒的2009、2008、2007和2005年份酒，还有黑品乐的2004年份酒，其品质着实令我惊叹。不得不承认，多年来我一直觉得贝克家的品乐酒略有些萃取过度，酒香总是清新而雅致，像一支上好的勃艮第酒。不过，如今两款头等园已然称得上是品质卓越的德国黑品乐酒。小贝克告诉我："自2007年起，我们在葡萄栽培和葡萄酒酿造上已经改变了很多。"他是家族第7代成员，2005年起接管所有葡萄酒的酿造，他的父亲格罗塞尔·弗里茨（Friedrich，Grosser Fritz）则负责照料葡萄园。

右图：弗雷德里希·贝克和儿子弗雷德里希·威尔海姆，是经营这座著名家族庄园的第6代和第7代成员

多来年，位于法尔兹远南地区的弗雷德里希·贝克酒庄，一直是德国屈指可数的顶级黑品乐酿酒商。如今，它能与法国勃艮第最好的葡萄酒一较高下。

弗雷德里希·贝克酒庄（Weingut Friedrich Becker）

在谈及更多细节之前，不如先看一下酒庄的确切位置。这座家族庄园坐落于施魏根镇（Schweigen），在法国边界附近。家族的大部分葡萄藤实际上就栽培于法国（阿尔萨斯区），但位于施魏根和维森堡（Wissembourg）之间的这片区域受德国葡萄酒法的约束。1971年，多个不同的独立葡萄园被集结成一处面积240公顷的大型种植区——施魏根太阳山（Schweigener Sonnenberg）。作为一座原面积约10公顷的知名葡萄园，如今这个名字几乎没有意义，因为土壤、阐述方式、栽培的葡萄品种都是如此的不同。

最好的葡萄酒来自石灰岩和泥灰岩土壤。作为法尔兹南部高品质葡萄酒的先驱，老贝克从1966年起栽培葡萄，以勃艮第的品种居多，尤其是黑品乐，在经历一段辉煌过后，因产量低下而在"二战"后成为稀缺品种。1973年，贝克从父亲手中接管这座家族庄园，从此不再把葡萄卖给葡萄酒合作社，而是开始装瓶并销售自己的葡萄酒。作为一名勃艮第葡萄酒的狂热爱好者，他是德国第一批（1990年左右）使用波尔多橡木桶的酿酒商，用于他的品乐，还有先前"禁止"的葡萄品种，如霞多丽、赤霞珠和美乐。老贝克告诉我说："我们知道和勃艮第的同行们拥有相同的气候和近乎相同的土壤，但在酿酒之初，我们并不懂如何将这份大自然的馈赠转入葡萄酒中。"如今，他的德国黑品乐足以叫板法国勃艮第最上乘的葡萄酒。

作为一名勃艮第葡萄酒的狂热爱好者，贝克是德国第一批使用波尔多橡木桶的酿酒商，用于他的品乐，还有霞多丽。

自2007年份酒起，贝克家族就一直选择生理成熟的品乐葡萄，只有92～98°的含糖量，不超过100°。小贝克说："13%的酒精度对黑品乐来说足够了，我发现对于品乐酒，酸度好比含糖量高重要得多。"据他描述，2008年的酸度为6克/升，2009年也有5.9克/升。为此，他们减少叶冠，加强树冠管理，每行种植覆盖作物以促进与葡萄藤的竞争。

酿酒厂里，立式大木桶的数量由原来的2个增加到7个，于是从2008年起，浸渍时间延长至3周，此前只有10～18天。无冷浸渍，发酵（持续10～14天）初期允许温度上升至36℃，有助于颜色和单宁更好的萃取。尽管做过几次留梗试验，但小贝克迄今为止并不买账，因此葡萄在进入发酵桶之前必须全部除梗。当葡萄籽和单宁成熟，压榨力度不再像之前那么轻柔。在不锈钢罐中静置沉淀后，未澄清的葡萄汁被转移至波尔多橡木桶内。出于品质考虑，他们更喜欢勃艮第产的酒桶，因此向勃艮第的顶级酿酒商，包括罗曼尼康帝酒庄（Domaine de la Romanée-Conti），购买使用过一年的波尔多橡木桶。"我们的法国同行用着最好的酒桶，既然我们永远达不到那样的品质，那么与其拿着退而求其次的新桶，倒不如买下质量最好的旧桶。"如今新橡木桶（主品牌François Frères和Taransaud）的使用不再那么广泛，即使浓醇强劲如2009年份酒，也是在仅八成新的木桶里陈酿。陈酿时间持续12～18个月，具体取决于葡萄酒的味道。自2007年份酒起，装瓶前不做澄清，因此这些未经过滤的葡萄酒不如之前那么晶莹透亮。

尽管黑品乐是贝克家族最负盛名的品种，但酒庄里也不乏其他品质优良的葡萄酒。在约 18.5 公顷的葡萄园中，品乐品种（包括霞多丽）占 65%，雷司令占 22%，其余为希瓦娜、穆斯卡特、琼瑶浆、丹菲特、波图盖瑟、赤霞珠和美乐。小贝克负责酿酒，还有家族长期合作的知名红葡萄酒顾问斯蒂芬·多斯特（Stefan Dorst）的协助，酒庄的白葡萄酒也收获了更多的雅致、精巧与辛香。大多数雷司令（轻盈、精致、活泼）生长于黄土和砂岩土壤，而他们纯净、辛咸的太阳山雷司令头等园（Sonnenberg Grosses Gewächs）却来自贫瘠的石灰岩土壤。这些葡萄藤种于 20 世纪 60 年代中期一处多风的小块土地，葡萄酒展现惊人的轻盈与雅致，表现出色。赤霞珠和美乐则种于更深的黏土和壤土土壤中，带来醇厚、浓烈、强劲的混酿。

顶级佳酿

（500 毫升样酒，品尝于 2011 年 11 月）
St. Paul Spätburgunder GG
21 世纪初，贝克买下这个颇为陡峭的朝南地块，从多石的石灰岩土壤里连根拔去果树，混种上分别来自法国第戎和德国玛丽费尔德（Marienfelder）的品乐克隆品种。首个年份是 2004 年。果味浓郁，但纯净、直接，一贯的清新，优雅十足，细腻如丝。它在收获 2 年后进入市场。

2009 鲜艳的石榴红色。清冽、新鲜，散发红莓和樱桃的混合辛香，十分纯净。入口是纯粹又提神的酸度。丝般柔滑，甚是优雅，但个性直接，清晰展现水果的特性。这款葡萄酒丰满、浓厚，拥有雅致的酸度和成熟又精细的单宁。十分开胃。

2008 更接近红宝石色。非常清晰、深厚的香气，散发幽深、辛香的水果芬芳。浓厚多汁，如丝般顺滑，但结构紧实，单宁清新紧致，酸度活泼。展现独特的个性，在浓度与力度上的表现也不错。

2007 ★ 颇为凉爽的夏季之后是十分漫长的悬挂期。呈深石榴红色。香气颇为甜美丰盛，散发雅致的果香和花香，十分纯净、浓烈。口感丰富，展现醇厚、集中、成熟的层次。一口喝下，余味很长，满是水果和花的芳香。上颚后部感受到的刺激会让你越喝越多。十分美味。

Kammerberg Spätburgunder GG
卡默山（Kammerberg）原是一座陡峭朝南的独立葡萄园，近维森堡，1966 ~ 1967 年由贝克家族着手恢复。这里的老藤（克隆品种混种，但法国品种不多）生长于深泥石灰土壤，带来浓醇强劲又不失清新雅致的黑品乐酒。

2009 酒香深厚持重，散发樱桃和玫瑰的芬芳，纯净又集中。口感丰富、耐嚼、醇厚，厚黏土表层带来紧实的单宁。相比更通透芳香、更具勃艮第风格的 St. Paul，它更集中强劲，味甜，有巧克力味。陈年潜力极好。

2008 散发黑樱桃和盐渍樱桃的果香，十分成熟，又不失细腻。入口甘美柔滑，是一款颇为浓醇强劲的品乐酒，非常复杂，回味悠长。结构极佳，酸度刺激，单宁紧实。处在过熟的边缘，但不越线，是很出色的葡萄酒。

2007 ★ 迷人的陈酿香气，伴着灿烂的果香与花香。口感丝滑，呈现丰满、圆润、浓烈的层次，是一款精力充沛但又结构紧实、精巧，带着白垩土味的品乐酒，甚是优雅精致。令人兴奋不已。

2005 ★ 酒香深厚、纯净、轻柔，伴着胡椒和生肉的风味。入口雅致丝滑，又不失个性与力度，是一款世界级的品乐酒，呈现杰出的浓度与复杂性，坚定紧实的单宁带来出色的结构。回味持久，令人难忘，收尾处是皮革的香味。醒酒后的表现应该会更好。

弗雷德里希·贝克酒庄概况
葡萄种植面积：约 18.5 公顷
平均产量：100 000 瓶
地址：Hauptstrasse 29, 76889 Schweigen
电话：+49 634 2290

克里斯曼酒庄（Weingut A Christmann）

酒庄位于冀莫丁根镇（Gimmeldingen），它的历史可追溯至 1845 年。不过，是史蒂芬·克里斯曼，让这座占地约 19 公顷的家族庄园，在过去十年位居法尔兹产区最杰出酿酒商的名单之列。克里斯曼，一位称职的律师、训练有素的葡萄栽培人，于 2007 年当选 VDP 协会主席，是德国葡萄园分级和头等园干酒概念最杰出的倡导者和推动者之一。他把原产地等级制度的理念引入一个结构清晰、类似勃艮第的葡萄酒大纲，应用于自己的葡萄酒：果香扑鼻的基础级庄园酒（雷司令、白品乐、灰品乐、黑品乐和圣罗兰），位居前列的是杰出的村庄级葡萄酒，产自国王河（Königsbach）和路佩兹山（Ruppertsberg）（雷司令）、冀莫丁根（雷司令、白品乐、黑品乐和琼瑶浆），还有优美的一级园酒，来自列级的苔德斯海姆天堂园（Deidesheimer Paradiesgarten）（雷司令）、冀莫丁根蜂园（Gimmeldingener Bienengarten）（雷司令、白品乐）和国王河橄榄山（Königsbacher Ölberg）（雷司令、黑品乐）。其中，高居首位的是富于表现力的 5 款头等园干酒，出自最好的葡萄园：路佩兹山的骑兵园（Reiterpfad）（雷司令）、苔德斯海姆的日暮园（Langenmorgen）（雷司令）、冀莫丁根的杏花园（Mandelgarten）（雷司令）和国王河的依迪园（Idig）（雷司令、黑品乐）。

多来年，史蒂芬·克里斯曼打造的系列葡萄酒是德国最出色、最特别的葡萄酒产品线之一。如今，它们更见通透与活力，也更易消化。

这些佳酿园反映两种土壤类型：克里斯曼的葡萄酒大多产自三叠纪的风化斑砂岩统土壤，但国王河的葡萄藤栽培于第三纪的石灰岩土壤。后者带来矿物味和复杂度十足的葡萄酒，酸度缓和，质感如丝般顺滑。而产自砂岩土壤的葡萄酒则以果香味为主，口感活泼，精巧优雅。

20 世纪 90 年代，克里斯曼颇为满足于酿造完美无瑕的果味葡萄酒，可后来发现再难有品质上的突破，只有方式的不同——更复杂、更以风土为主导。克里斯曼将 2000 年视为他的转折点，"发掘葡萄园真正的特色，并体现在与众不同的葡萄酒里"成了他的金科玉律。于是，他改用有机耕作的方式，2004 年又发展为生物动力栽培。与此同时，放弃使用酿酒添加剂，以便更好表达葡萄园的天然特性。他还在酒窖里引入橡木桶，从 2004 年份酒开始，一部分头等园酒的发酵和熟成在传统 Halbstück（600 升）、Stück（1 200 升）和 Doppelstück（2 400 升）桶中完成，还有不锈钢罐。最近两三年，酒庄最好的葡萄酒都是自然发酵，不过在酵母方面克里斯曼并不教条，他对苹果酸 - 乳酸发酵的态度也相当随意："有几年，苹果酸出现；有几年，又不出现。反正你也察觉不到它的味道。"

克里斯曼力求葡萄酒卓越、和谐、充满生气，相信这一切的关键就在葡萄园。因此，他寻找生命力旺盛的土壤，让一批平均树龄 20 岁的葡萄藤均衡生长。种植密度从传统的 5 000 株 / 公顷到如今更时兴的 8 000 株 / 公顷不等，并在正常年份里隔行种植覆盖作物。每四到五年切除一次葡萄藤的浅根，以迫使根部更深入土壤。为增强葡萄藤的天然抵抗

右图：活力精干的史蒂芬·克里斯曼，在领导 VDP 协会的同时，也经营着自己欣欣向荣的家族庄园

上图： 依迪园里描绘贪杯景象的盾徽，是如今克里斯曼酒庄独有的标志，从 14 世纪起就远近闻名

力，对它们喷洒生物动力制剂和"茶剂"。据克里斯曼介绍，使用生物动力方法后，葡萄藤的营养生长期结束早，这样的葡萄在充分成熟的同时不会有过多含糖量。的确，他的头等园酒酒精度很少超过 13%，最近两三年更是明显降低。此外，也是因为叶壁的厚度和高度都较之前有所降低。

保持低产，头等园的平均产量为 3 800 升 / 公顷。克里斯曼 35 ~ 40 人的采收队伍全部手工挑选完成晚采摘，从 9 月开始，结束时间尽量不早于 10 月底或 11 月初。只接受成熟健康的葡萄，如不可避免，最多允许 5% 感染孢菌。为了尽可能地精准酿造，葡萄还要在破皮房的分拣台上经历二次挑选，这在德国相当少见。

轻轻除梗，浸渍 3 ~ 18 小时后压榨，发酵过程持续到圣诞节。头等园酒和品乐酒部分或全部在橡木桶中发酵，其他葡萄酒则在不锈钢罐中发酵，之后才进行首次硫化。再陈酿 2 ~ 6 个月后，稍加过滤，装瓶，残糖量少于 5 ~ 6 克 / 升。特别优质酒，比如依迪园雷司令冰酒 2009 年份酒（2009 Idig Riesling Eiswein）或依迪园和骑兵园雷司令精选酒 2010 年份酒（2010 Idig and Reiterpfad Riesling Auslese），产量极少。

多来年，史蒂芬·克里斯曼打造的系列葡萄酒是德国最出色、最特别的葡萄酒产品线之一。但我发现，自从改用有机栽培和更天然的酿酒方式后，他的葡萄酒更见通透与活力，也更易消化。克里斯曼的大区级酒非常适合日常饮用和招待朋友。村庄级酒足见令人难忘的独特，一级园酒则更胜一筹：我最喜欢不锈钢罐发酵的国王河橄榄山雷司令，因为它复杂、优雅，还有辛咸的余味。2007 年，国王河雷司令 SC（Königsbacher Riesling SC）诞生，成为依迪头等园干酒（Idig GG）的副牌酒。它取材自年轻葡萄藤（小于 20 岁）和克里斯曼认为还没达到头等园酒酿造标准的那部分葡萄。在不锈钢罐和传统木桶中发酵，含糖量最高达 97°，是一款相当复杂持久的葡萄酒，拥有依迪园酒的优点，价格却平易近人得多。

顶级佳酿

Reiterpfad Riesling GG

这里地势稍平，朝向东南，占地约 77 公顷，以近地中海气候和石灰质砂、砂壤土、风化砂岩的土壤为特点。克里斯曼拥有其中约 0.9 公顷的土地，他的葡萄酒呈现杏子和桃子的灿烂风味，但论饱满丰富不及这里的许多酒。相反，如 2010 所示，它非常纯净优雅，几乎没什么重量，伴有刺激的矿物味。同样出色的是精妙的 2009，优雅、生动，以辛咸的矿物味打底。

Langenmorgen Riesling GG

1491 年首次提及的朗日园（Langenmorge）是一座东南朝向的长梯田，拥有哈尔特地区典型的风化斑砂岩统土壤。石灰质的黄土 - 壤土层为这款浓醇佳酿的强劲果味增添圆润与深度。2010 质地绵软，但矿物盐土的味道和辛辣活泼的风味又令人兴奋。2009 十分的深厚、辛香、优雅，是一款扣人心弦的雷司令，不那么饱满丰富，但能展现引人入胜的纯净与精致。由于克里斯曼只拥有这里约 0.18 公顷的土地，所以朗日园的数量极为稀少。

Mandelgarten Riesling GG

杏花园（Mandelgarten）属于蟹园（Meerspinne）的一部分，绝对是冀莫丁根镇最好的葡萄园。维森堡（阿尔萨斯产区）的修士早在 1456 年就留意到它卓越的品质。坐北朝南的杏花园位于冀莫丁根河谷，夜间温度凉爽。土壤方面以砂岩圆石和黄土为主，还有老藤才能触及的厚石灰岩坎。2010 燧石及草本的清冽芳香搭配黄核果的果香，入口很复杂，顽皮又辛辣的酸度是它的特色。2009 颇为酷爽，展现典型的雷司令风格，不受当年温暖气候的影响。入口雅致多汁，矿物味辛辣刺激，酸度成熟，但不及 2010 年份酒的活泼。回味长。

Idig Riesling GG

集非凡的优雅、柔顺、复杂、持久、矿物感、丝滑于一身，是每年最令人难忘的克里斯曼葡萄酒。在过去的 15 年里（3 200 ～ 13 900 瓶），产量一直控制在 1 670 升 / 公顷（1999 年）到 4 850 升 / 公顷（2007 年）之间，采收期从 10 月中旬到 11 月上旬不等。

2010 ★ 散发辛辣香气，顺滑雅致的口感，惊人的直接。十分集中，有精致的酸度和独特的矿物味。回味悠长，甚是复杂，可以轻松陈酿 10 年。

2009 ★ 酒体丰富，果味浓郁，但又极为雅致，几乎没什么重量。余味复杂又持久，陈年潜力出色。

2004 ★ 香气成熟、丰富、集中，又不失细腻。口感成熟美妙、浓郁复杂，配以惊人的活力与持久的盐土味。

1990 这支金黄色的年份酒（品尝于 2009 年）呈现精致的成熟果味，伴随洋甘菊、焦糖和蜂蜜的芳香。入口极为纯净，精妙而雅致；回味持久，有矿物味。

Idig Spätburgunder GG

取自 40 年的老藤，产量 3 500 升 / 公顷，是最好的德国黑品乐酒之一。葡萄除梗，酒液发酵后转移至小桶陈酿近 2 年。2008 香气清澈细腻，散发樱桃和烟草的芳香。它质地丝滑，口感巧妙集中，且结构紧实；清新、雅致、精细、持久。2007 深厚成熟，香气浓烈；口感丰富，厚重的甜美果味配合细腻成熟的单宁结构，回味悠长辛辣。

克里斯曼酒庄概况

葡萄种植面积：约 19 公顷
平均产量：130 000 瓶
地址：Peter-Koch-Strasse 43, 67435 Gimmeldingen
电话：+49 6321 660 39

克勒 - 鲁普莱希特酒庄（Weingut Koehler-Ruprecht）

休·约翰逊曾经说过，顶级葡萄酒不仅触发你购买它的欲望，还让你想买下它背后的酒庄。正是如此，你可以想象美国投资人在 2009 年收购卡尔斯塔特村庄（Kallstadt）备受尊崇的克勒 - 鲁普莱希特酒庄时，是多么着迷于这座家族庄园的葡萄酒。为了保留他们钟爱的葡萄酒风格，还请前主人贝纳德·菲利普（Bernd Philippi）继续担任几年 CEO 和酿酒师的工作。恩斯特·克勒（Ernst Koehler）大约在 1920 年建立了这座庄园，本人则一直膝下无子。他继续从事多年来的工作，只是如今身价大涨，还有不少其他的项目：与布罗伊尔家族（莱茵高产区）和纳克（阿尔产区）家族共同拥有的卡瓦霍萨酒庄（Quinta Carvalhosa），位于葡萄牙的杜罗河谷；南非的杜伊特山酒庄（Mont du Toit Estate）；还有在中国的新顾问项目。

菲利普花费 30 年的时间，让卡尔斯塔特的萨乌马根园葡萄酒（Kallstädter Saumagen）成功跻身德国最负盛名、最不可多得的雷司令干酒之列。那么，这是一款怎样的传奇葡萄酒呢？

它的出产地形状好似一块猪肚（德语：Saumagen），是卡尔斯塔特西郊一座占地约 40 公顷的朝南、东南的葡萄园。受地形轮廓影响，东、西面冷空气受阻，但所处位置较高，海拔为 120 ~ 150 米。因此，和村庄其他葡萄园相比，这里的葡萄成熟稍慢、稍晚一些。萨乌马根园原是古罗马时期的一座石灰岩采石场。易碎的白垩质泥灰岩和黄土 - 壤土土壤里依然布满无数的小石灰岩颗粒，有助于土壤温度上升，令葡萄成熟，令葡萄酒浓醇。不过，无论菲利普的萨乌马根园雷司令干酒有多么魅力四射、强劲厚实，它们的酒精度总是保持适度，绝少超过 12.5%。

据菲利普所说，在他不可思议的萨乌马根园或其他葡萄酒的背后并没有什么酿酒秘诀。他说："我只是按我祖父 20 世纪 20 年代的做法酿造这些葡萄酒而已。不灌溉、不用肥料、不用除草剂，也不加糖；手工挑选多达 5 次，只为采摘完美的果实；自然发酵，在传统椭圆形 Halbstück（600 升）、Stück（1 200 升）和 Doppelstück（2 400 升）桶中陈酿。"

的确，他所有的葡萄园都实行可持续种植。农药喷涂，特别是针对真菌病害的作业极少。菲利普既不疏果、也不剪串，而是在每个葡萄园进行多达 5 次的采摘，收获不同成熟度的葡萄。葡萄酒的头衔越高，口感就越集中，进入市场前的准备时间也越长。他的 R 系列干型晚摘酒在收获 4 年后投放市场，R 系列干型精选酒则是 6 年之后。R 代表酒庄的特别精选系列，都是品质精湛、陈年潜力极高的葡萄酒珍品。

菲利普不只酿造萨乌马根园雷司令。克勒 - 鲁普莱希特酒庄拥有约 10.5 公顷葡萄园，约 50% 用来种植雷司令，20% 种植白品乐、灰品乐和霞多丽，20% 种植黑品乐，还有剩下 10% 种植琼瑶浆和施埃博。

酒庄的白葡萄酒破皮和浸渍 12 ~ 24 小时，用离心机分离出葡萄汁进行自然发酵，容器是传统的椭圆形橡木或栗木桶，容量从 300 到 2 400 升不等。发酵温度不受控制，但受葡萄汁澄清度和木桶尺寸的影响，绝不会升至 18℃以上。发酵 3 ~ 4 周之后换桶，甜型酒需停留至 4 月或 5 月，干型酒则停留至 9 月。所有葡萄酒都只做轻度过滤。

黑品乐的酿造方式也很传统。葡萄除梗，

右图：贝纳德·菲利普（坐）在他 2009 年卖给美国投资人的家族酒庄里，身边是酿酒师多米尼克·索纳

上图：虽然如今归美国投资人所有，但酒庄的名字和家族的饰徽还是骄傲地保留着

冷浸渍两日，然后在不锈钢罐（700 ～ 4 000升）里和添加的人工酵母一起发酵 2 ～ 3 周。压榨并沉淀后，在法国的波尔多橡木桶中陈酿数月或数年。新橡木的使用比例取决于葡萄酒品质，从 20%（用于相当简单的酒款）到 100%（用于更浓郁集中的 R 系酒）不等。所有黑品乐葡萄酒在装瓶前都只通过粗滤器完成过滤。

不过，国际上最赫赫有名的还是卡尔斯塔特萨乌马根园雷司令。萨乌马根园雷司令干型精选酒浓醇、强劲，最重要的是，其气质独特，能在上千支上等的雷司令中轻松脱颖而出。这款葡萄酒融合了巴洛克式的丰满和哥特式的力量与结构。一贯的复杂，但又不失活力与优雅，精巧十足，甚为持久。应给予至少 15 年的发展期，20 年后处于最佳状态。

贝纳德·菲利普在 2011 年已年届六十，每年在克勒 - 鲁普莱希特酒庄的时间不得不缩短到 60 天，因此，他任命多米尼克·索纳（Dominik Sona），一位年轻的栽培师和酿酒师，作为他的临时代理和接班人。多米尼克·索纳之前在恩斯特·露森位于瓦亨海姆（法尔兹产区）的 JL 狼园酒庄（Weingut JL Wolf）工作，原本就是菲利普和萨乌马根园葡萄酒的铁杆粉丝，因此发誓永不改变克勒 - 鲁普莱希特葡萄酒的风格。的确，从 2009 年份酒起，我没有感觉到丝毫的变化。关于葡萄酒本身，时间会说明一切。

顶级佳酿

（品尝于 2010 年 8 月、2011 年 2 月和 11 月，使用的是 ISO 标准品酒杯。相比更大更别致的高脚杯，菲利普偏爱前者。）

Kallstadter Saumagen Riesling Spätlese trocken R

选用个头小、无籽的金色浆果，采摘时间早于酿造精选酒的琥珀色浆果。2008 ★ 散发复杂、辛辣的香气，伴有咸味和坚果的芳香。呈现无与伦比的多重口感，纯净多汁、优雅丝滑，有盐土的咸味，如此的容易入口、难以抗拒，让你绝不会想吐出这口酒。一如既往的强劲但不笨重，非常持久，可优雅陈酿至少 10 年。在写这段话时，我给自己倒了一杯 2001 ★，采收 10 年后的它如今绝对完美：非常的精巧雅致，口感近乎轻盈，成熟但依然充满活力，咸味和树木汁液感突出，此时的果味极其可口，完全没有淡化的迹象。

Kallstadter Saumagen Riesling Auslese trocken R

选用整串的无籽葡萄，比梨大不了多少，采摘时呈金琥珀色。采收 6 年后才投放市场，可至少陈酿 20 年。这款葡萄酒的酿造年份是 1990、1996、1997、1998、2001、2004、2005、2007、2008 和 2009 年。

2009 ★ 入口丝般柔滑，绚烂动人。它的复杂、纯净和盐土味，令我想起金丘产区上好的勃艮第白葡萄酒。浓厚、多汁，优质的酸度和辛咸的矿物味完美地融入酒体。这是一款令人印象深刻的雷司令，甚是精巧雅致，回味持久，寿命长。

2008 ★ 颜色颇为浓烈，但年轻期的表现通常很苍白。香气集中但纯净，带着燧石味和青柠香。入口纯净，富于表现力，强劲，像安妮 - 克劳德·勒弗莱夫（Anne-Claude Leflaive）打造的普里尼酒（Puligny）；难以置信的多汁，但结构紧实，口感绝干，极为复杂。最早也要等到 2014 年才能饮用。

2004 这支酒的香气十分独特，有草本植物的香味，也有焦油、甘草和铁锈的气息。辛辣多汁，入口非常的集中、优雅和持久，余味悠长、辛咸，还有草本的芬芳。陈酿 7 年左右，现在才开始展露成熟的迹象。

Kallstadter Saumagen Riesling Auslese trocken RR

菲利普共酿造了两个年份的 Auslese RR，称其为他葡萄酒中的劳斯莱斯（Rolls-Royce）。相比 R 系列，它更稀有，表现也更具张力。借用安德

鲁·杰弗德（Andrew Jefford）在《精品葡萄酒世界》(The World of Fine Wine) 里对高分葡萄酒的动人描述："带来引人入胜的美妙与共鸣，留给饮者好奇与惊叹。"

2009 ★ 我品尝它时是收获近 1 年后，已经装瓶，但依然还原味十足。发布时间不会早于 2015 年，但我已经相当地期待，因为在我咽下酒液的那一刻，它的青春潜力触动了我的灵魂。入口是震颤人心的强烈矿物味，近似碘味，强大浓郁，但又兼具辛辣纯净。依旧完全封闭，但十分持久，是酿酒界的传奇。

2007 ★ 呈现与 2009 年份酒同样的品质、同样引人入胜的美妙。香气甚为复杂清新。口感方面相当戏剧化，十分紧凑，展现淋漓尽致的矿物味，回味悠长，并再一次让我充满好奇。将于 2014 年发布。

克勒 - 鲁普莱希特酒庄概况

葡萄种植面积：约 10.5 公顷
平均产量：75 000 瓶
地址：Weinstrasse 84, 67169 Kallstadt an der Weinstrasse
电话：+49 6322 1829

葡木酒庄（Weingut Ökonomierat Rebholz）

在2011年11月，汉斯贾格·芮伯赫兹（Hansjörg Rebholz）的栗子林雷司令头等园2010年份干酒（2010 Kastanienbusch Riesling Grosses Gewächs）令我不禁好奇，思考一个人人都需要回答的问题：一支酒精度11.8%的雷司令干酒足够浓烈丰满到以头等园自居吗？我很少喝过比它更低度的头等园干酒。而另一方面，它又是我长久以来见过的最纯正、细腻、精准的德国雷司令之一。香味与口感都是如此的飘逸、纯净、轻盈、精妙，不禁让我想起文艺复兴时期德国艺术家阿波切特·丢勒的雕刻艺术。

我问芮伯赫兹："如果说，一支伟大的葡萄酒是在强劲有力的同时又兼具雅致与精巧，那么你认为，颇显严肃的栗子林2010年份酒能被精品葡萄酒的消费者接受吗？它能称之为伟大吗？"

他回答我说："我希望如此，因为我认为它是。那一年，我们为葡萄的成熟费尽心力，最终收获生理成熟度完美的健康葡萄。葡萄汁比重并不太高，但我喜欢既不浓郁、又不复杂的低度葡萄酒。我相信它确实够出色，无需更丰富或更强劲。"

我同意他的说法，但也坦言，相比丢勒的雕刻，我觉得大部分葡萄酒爱好者还是会更青睐能让人联想起米开朗基罗或鲁本斯作品的头等园葡萄酒。

坐在我身旁的波特酒和杜罗酒的酿造商德克·范·德·尼伯特（Dirk van der Niepoort）说："我也喜欢这款葡萄酒。"他本人多年来一直是德国雷司令的热爱者和品鉴专家，尝试在自己的杜罗酒和米尼奥酒中捕

右图：汉斯贾格·芮伯赫兹和身旁不同土壤类型的样本。正是这些土壤帮助他酿造了一系列纯正地道的葡萄酒

芮伯赫兹家族创造了极具代表性的葡萄酒风格，始终坚持对年份特征的"天然"表达。他们的客户都是品酒的行家，并对这种由大自然的反复无常带来的颠覆结果习以为常。

葡木酒庄（Weingut Ökonomierat Rebholz）

捉最优质摩泽尔葡萄酒的优雅、高贵与精妙。

和葡萄牙的尼伯特一样，芮伯赫兹也在力争葡萄酒的高雅与精准，推崇"近乎脆弱的结构"。在法尔兹这样一个主打重酒体、果味浓烈的葡萄酒产区，像他这样追求"脆弱"的做法实属少见。不过，这倒也符合西贝尔丁根镇（Siebeldingen）上这座历史名庄的传统和芮伯赫兹20多年来的经营。

虽然芮伯赫兹家族的历史可追溯至16世纪，但他们栽培葡萄的历史只经历了3代人。祖父爱德华和父亲汉斯·芮伯赫兹是南葡萄酒之路（Südliche Weinstrasse）地区，酿造品质干酒的先锋。"二战"后的40年间，该地区一直被戏称为甜腻的葡萄酒之路（Süssliche Weinstrasse），因为那时法尔兹产区的这片南部乡村出产大量廉价、味甜的葡萄酒。70年来，芮伯赫兹家族创造了极具代表性的葡萄酒风格，始终坚持对年份特征的"天然"表达。这意味着，葡萄酒既不加糖、也不减酸。因此，对于同样的葡萄酒，这一年的酒精度是11.8%，下一年可以是13.5%。没有多少消费者能接受这种多变，但葡木酒庄的客户都是品酒的行家，并对这种由大自然的反复无常带来的颠覆结果习以为常。

自20世纪80年代末起，汉斯贾格·芮伯赫兹将父亲的葡萄酒风格加以完善，为明确的果香与果味带来一份纯粹，衬托酿造地的存在感。芮伯赫兹解释说："我的目标是以尽可能完美的方式展现品种、原产地、年份的每个特性。"他颠覆性的2010年份酒就充分体现了这一点。在许多同行为葡萄酒加糖、减酸，或通过苹果酸-乳酸发酵来缓和葡萄酒的高酸度时，芮伯赫兹只是对葡萄进行晚采收和极严格的挑选，装瓶酸度10克/升的绝干葡萄酒。

葡木葡萄酒的品质基础在于奎希塔地区（Queichtal）的土壤和复杂的地质构造：黄土、壤土、黏土、二叠纪岩、砂岩、石灰岩或考依波岩。芮伯赫兹家族三代已经为酒庄如今种植的所有品种找到了最佳的栽培位置。在西贝尔丁根、比克韦勒（Birkweiler）和阿尔伯斯韦勒（Albersweiler）的村庄里，家族共栽培约20.5公顷的葡萄藤，其中40%种植雷司令，50%种植不同品种的品乐葡萄（包括霞多丽）。自2005年以来，葡萄园实行有机管理，以生产更引人注目、更天然的葡萄酒。

葡萄采收经多轮手工挑选完成，头等园最晚，他们总是尽可能地挑战采摘日极限，但最终收获完全成熟、浓烈、健康的葡萄。葡萄经过除梗、24小时浸渍、轻柔压榨的工序后，葡萄汁在不锈钢罐或橡木桶（霞多丽和黑品乐）中发酵。在这座历史悠久的庄园后面，有一间新建的大型压榨房，每一批次的葡萄可以得到单独处理并存放于大小合适的容器罐内，以便在最终混酿或装瓶前将原汁分开保存。

葡木酒庄体现普法尔茨（Palatinate）南部地区典型的品种混合。在凭借雷司令享誉国际的同时，酒庄也出产德国首屈一指的黄穆斯卡特拉和琼瑶浆。这些葡萄酒可酿造成干型酒、晚摘酒或贵腐甜酒，具体视年份而定。此外，黑标年份的Pi No R（取材自品乐葡萄）是德国起泡酒里的佼佼者。优雅又不失活力的霞多丽R系也是一流的。

汉斯贾格的黑品乐是他十分引以为傲的作品，其中的阳光园黑品乐（Im Sonnenschein）被评为头等园干酒等级，收获5年后即投放市场。虽然这款浓醇又持久的葡萄酒清新出色，但更让我着迷的是他的白葡萄酒，特别是阳光园白品乐头等园干葡萄酒（Weissburgunder Im Sonnenschin GG）和雷司令葡萄酒。共有产自不同土壤的 3 款头等园干酒和 3 款 S 系雷司令，以及基础级的 NatURsprung 酒。

顶级佳酿

Kastanienbusch Riesling GG

这是葡木酒庄的招牌酒。在这个坐北朝南、坡度 30% ~ 40%、海拔 240 ~ 320 米的佳酿园里，芮伯赫兹家族持有土地约 3.08 公顷。它是法尔兹产区最重要的头等园，得益于持续的空气环流和特别长的葡萄生长期。酒庄葡萄的平均年龄为 20 岁，生长于二叠纪的含铁砾岩土壤中，混合大量花岗岩、板岩和暗玢岩。由于排水良好，Keschdebusch 葡萄酒在普通和潮湿年份的表现十分抢眼，但会在极干燥的年份遭遇干旱问题。因此，从 2003 年起，芮伯赫兹会偶尔灌溉他的葡萄藤，但只在真正必要的时候。他说："无非就是保住它们的性命。"最重要的是，他还通过增强腐殖质层来提升土壤的蓄水能力。自 2006 起，每一行用三叶草覆盖以防止土壤受到侵蚀，并借此吸引有益的微生物。

他们总是迟收葡萄，但由于气候变化的影响和有机农业的作用，最近两三年常提早采收。手工采摘的葡萄在压榨前除梗、破碎并浸皮 24 小时。葡萄汁置于不锈钢罐中发酵，最长达 8 周，酒糟陈酿至 3 月或 4 月，随后用硅藻土过滤完成换桶。在 4 ~ 6 月，葡萄酒不做澄清直接装瓶。

这是一款散发愉悦辛香、草本香和燧石香的雷司令葡萄酒，有着怡人的果香，入口极为精妙。始终优雅、复杂而精致，却也不失浓厚与持久，可优雅地陈酿 20 年。

2010 ★（10 月 27 ~ 28 日；产量 1 680 升 / 公顷）

除了 2004 年份酒，它是我在这座佳酿园里品尝过的最迷人的年份酒。我闻着酒香，脑海里便浮现出红色的二叠纪石质土壤，正是它带来板岩火山土和草本植物的微妙香气。口感方面，来自 2010

问题年份的晚收成熟葡萄，令葡萄酒呈现惊人的纯净、细腻与通透，带来的不是肉质感，而是大量辛咸的矿物味，最终在悠长复杂的余味中褪去。的确，它不是米开朗基罗的壁画，却是一件精致无比的丢勒雕刻。是一款颇为知性的葡萄酒。

2008（10 月 25 日，11 月 4 日；3 010 升 / 公顷）

散发白色水果和草本植物的细腻芬芳。入口浓醇，质地绵软。复杂多汁，有矿物味，又非常的优雅精致，是典型的雷司令葡萄酒。

2007（10 月 13 ~ 14 日；4 920 升 / 公顷）

香气十分清晰、细腻，有白色水果、坚果和草本植物的芬芳，甚为优雅饱满。入口颇浓醇，质地绵软。温暖和煦的年份条件带来浓郁多汁的特点，伴随精细的酸度和绵长的矿物味。雅致且不厚重。

2004 ★（11 月 15 ~ 17 日；3 520 升 / 公顷）

香气十分清晰、纯净，散发绿色草本的芬芳。口感甚是细腻、雅致，配以轻盈精致、近乎脆弱的结构和精细的酸度；呈现令人惊叹的辛咸、圆润与多汁，又总是很细致、精准，巧妙十足，富于变化。卓越之作。

2001（11 月 12 日；2 360 升 / 公顷）

色泽几乎呈金色。散发成熟美妙的酒香，有洋甘菊、蜂蜜、成熟油桃和杏果蛋挞的芬芳。口感成熟，汁液丰富，非常雅致，伴随活跃的酸度和辛咸的矿物味，还有怡人的草药味、红板岩和东方香料的风味，最终以薄荷和焦糖的余味收结。表现很好。

1990 首支年份酒，主要产自这款头等园酒如今出产的地块。装于 500 毫升的酒瓶中。散发水果干、焦糖的香气和愉悦的甜味。充满活力的口感，呈现突出的矿物味，如今的状态依然出色。虽产自年轻的葡萄藤，却呈现出既轻盈又复杂的多层特质。

葡木酒庄概况

葡萄种植面积：约 20.5 公顷
平均产量：130 000 瓶
地址：Weinstrasse 54, 76833 Siebeldingen
电话：+49 6345 3439

温宁酒庄（Weingut von Winning）

在2011年9月22日的深夜，盗贼潜入苔德斯海姆镇的温宁酒庄，悄无声息地开走一台8吨收割机。9月23日凌晨大约3点，耶稣之地葡萄园（Herrgottsacker）被洗劫一空，酒庄酿酒CEO史蒂芬·埃特曼（Stephan Attmann）损失了2.5吨最高品质的黑品乐葡萄。埃特曼痛惜不已："这就好比有人在罗浮宫里挖走了蒙娜丽莎的眼睛。"据他计算，酒庄蒙受的经济损失高达10万欧元。然而，警方却只给出了1.2万欧元的估值，因为他们想当然地认为：葡萄就只是葡萄。

在法尔兹地区，这种"葡萄皆平等"的思想在许多淳朴的酒商中依然十分常见。于是，像史蒂芬·埃特曼这样的酒狂，往往被人视为善用公关手段的好事之徒。事实上，自他为温宁酒庄打造的第一批年份酒（2008、2009和2010）面市以来，埃特曼就成了从法尔兹乃至整个德国，人们争相讨论的酿酒红人。究其原因，正是因为他的葡萄酒品质出众。也难怪好几本葡萄酒指南都提名他为2011年度最佳新人。

不过，让酒庄飞速起步的却另有其人。他叫阿希姆·尼德伯格（Achim Niederberger），非本土葡萄酒世家出身，是一位来自诺伊施塔特/葡萄酒之路（Neustadt / Weinstrasse）的企业家，靠广告业发迹。他从2000年起，一直大笔买入法尔兹产区最重要和最传统的葡萄酒庄园。在苔德斯海姆，有布赫酒庄（Reichsrat von Buhl）、巴塞曼-乔登酒庄（Bassermann- Jordan）、碧方门酒庄（Biffar）和丹赫博士酒庄（Dr. Deinhard）。2007年秋，为了让几十年来错失良机的酒庄重振旗鼓，

右图：才华出众的史蒂芬·埃特曼身处橡木桶之间，在这里精心打造争议与震撼并存的雷司令葡萄酒

从法尔兹乃至整个德国，埃特曼成为人们争相讨论的酿酒红人。究其原因，正是因为他的葡萄酒品质出众。好几本葡萄酒指南都提名他为 2011 年度最佳新人。

温宁酒庄（Weingut von Winning）

尼德伯格向酿酒奇才史蒂芬·埃特曼伸出了橄榄枝。这对搭档的新举措之一就是在2008年把丹赫博士酒庄更名为温宁酒庄。利奥波德·冯·温宁（Leopold von Winning）是安德鲁·丹赫博士（Dr. Andreas Deinhard）的女婿，后者是创始人弗雷德里希·丹赫（Friedrich Deinhard）之子。在利奥波德·冯·温宁的管理下（1907～1917年），酒庄进入黄金时期，他是VDP协会前身天然葡萄酒拍卖协会（Verband der Naturweinversteigerer）的创始成员之一。在买下温宁酒庄、布赫酒庄和巴塞曼-乔登酒庄之后，阿希姆·尼德伯格让3座酒庄重新合体，它们都是在1849年从另一家著名的乔登酒庄（Jordan'sches Weingut）分裂而来。不过，仍然是不同的品牌和公司，也拥有不同的团队和葡萄酒风格。

温宁酒庄的潜力十分巨大。葡萄种植面积约40公顷，雷司令占80%，其中约10公顷专供头等园干酒的酿造。在苔德斯海姆地区，有头等园卡尔可芬园（Kalkofen）、小石山园（Kieselberg）、朗日园、格林呼贝尔园（Grainhübel）和天堂园（Paradiesgarten）；在弗斯特地区，有佩希斯坦园（Pechstein）、耶稣会园（Jesuitengarten）、科辛斯图克园（Kirchenstück）和翁格豪尔园（Ungeheuer）；在路佩兹山地区，有骑兵园（Reiterpfad）和施皮斯园（Spiess）。头等园干酒（目前只有雷司令）大多在橡木桶中发酵和陈年，其他名园酒和单品种葡萄酒在不锈钢容器中发酵。丹赫博士的名称被保留，用于满口成熟果味和精致酸度的优雅平衡的葡萄酒系列。与之对应的温宁系列，瓶身贴着抢眼的"新艺术（Jugendstil）"风格标签（金、白配色用于苔德斯海姆和路佩兹山的葡萄酒；黑、金配色用于弗斯特的葡萄酒），集合要求甚高的复杂葡萄酒，更多反映风土而非品种。它们中的多数是雷司令，但也有白品乐、黑品乐和长相思。保持低产，严格挑选完全成熟的葡萄。经过轻度破碎和较长时间的浸渍后，未经处理的葡萄汁在不同尺寸的木桶中自行发酵，小到勃艮第式木桶（300升），大到Doppelstück桶（2400升）。酒糟陈酿至8月，装瓶前不澄清，但用硅藻土过滤。埃特曼说："我们希望葡萄酒尽可能自然，因此未来的目标是不经过滤的雷司令。"

酒庄在酒窖和葡萄园的投资巨大。埃特曼将采收人数扩充8倍，每块区域多达5轮采收，以挑选品质最好的葡萄。埃特曼不接受葡萄孢菌，因为他认为这会让葡萄酒身上的风土特征蒙上阴影。为了获得拥有丰富提取物和良好酸度的小粒葡萄，种植密度高达9000株/公顷，树冠高度通常较低，为1.1米。葡萄藤之间还种植几十种昂贵药草和黑麦以构建土壤，使之通气，保持活力。不使用除草剂和化肥，也不喷洒铜制剂。

埃特曼热爱充满野性与芳香的葡萄酒，果味仅是很小的一部分，还有深厚、复杂、持久，以及扣人心弦的矿物味。他在勃艮第产区的杰伊-吉勒斯酒庄（Domaine Jayer-Jilles）工作过一段时间，也希望温宁葡萄酒能与金丘或波尔多最好的葡萄酒比肩。这两个地区对埃特曼来说完全不陌生，因为在成为一名酿酒师之前，他游历广泛、品酒无数。

在德国，这种令人爱憎分明的葡萄酒让埃特曼饱受苛责。一些酒评人不能容忍雷司令在新桶中发酵，指责埃特曼模仿勃艮第和佩萨克-雷奥良的葡萄酒，不遵循中哈特的经典风格。我对带着少许橡木味的年轻葡萄酒没有任何意见，即使这在德国雷司令葡萄酒中很不寻常。只要木桶材料好，葡萄酒够复杂，不被木头味遮盖，我不觉得有问题。其实，它关乎的不是品质，而是风格。埃特曼认为雷司令能从木桶中汲取复杂性，每年都会购入一些品质卓越的（新）橡木桶，因为原来的丹赫博士酒庄没有橡木桶。新橡木气息并不香，葡萄酒既无烟熏味也无黄油味，没有获得木头单宁。它们纯净、辛辣、持久、有矿物味，颇为纤细。在正常的年份，如2009年，绝大多数的头等园酒部分在橡木桶（50%～70%）中发酵，部分在不锈钢罐中发酵。2010年的产量相当低，某些葡萄酒只在木桶中发酵，但因为品质出众也能轻松承受。

　　辛辣而富有特色的温宁葡萄酒系列是如此的全面，故无法做到逐一介绍。丹赫博士系列更是广泛：中哈特地区典型的葡萄酒，产自斑砂岩统土壤，辛辣活泼、精妙雅致，还有灿烂的果味是它们的特色。头等园系列则是最复杂的，下文列举了酒庄头三年最让我印象深刻的葡萄酒。

顶级佳酿

（品尝于2011年11月）

2010 Kalkofen GG

Kalkofen 的字面意思是"石灰窑"，占地约5公顷，覆盖石灰泥灰岩土壤。2010年份酒是一流的。馥郁灿烂的柑橘香气结合白垩土、酵母和坚果的气味，错综复杂。入口浓醇丰满，质地柔顺诱人，又充满雅致与精巧，辛咸矿物味拖长了余味，后者还有新鲜的青柠味。令人印象深刻。

2010 Kieselberg GG

Kieselberg 占地约15.5公顷，坐北朝南，海拔为150～160米。它的土壤相当复杂，上面是壤质砂土，下面是碎石、砂岩和风化砂岩。温宁酒庄拥有这里约0.5公顷的土地，出产的头等园干酒很是精妙：散发纯净细腻的香气，起初是清新生动的青柠香和醋栗香，随后是苹果和杏子的成熟果香，混合燧石的香味。呈现斑砂岩统雷司令的典型口感：十分优雅、纯净、生动，最好的雷司令风味、多变的层次和十足的雅致与精巧。回味咸。美味可口。

2010 Pechstein GG ★

产自弗斯特地区一座占地约17公顷的佳酿园，以砂质壤土和风化斑砂岩统为主的土壤中，有高比例的玄武岩和黏土。我爱它的优雅纯净，不同于Pechstein 酒常有的强劲与浓醇。没有一款酒能像这款年份酒一样令我如此清晰地察觉土壤中的高含量玄武岩成分。散发药草和燧石的香气，甚至是火山灰的气息，伴随低调的果香，尽管 Pechstein 酒的发展总是很不充分。口感方面，有突出的矿物味，厚重绝干、纯净生动；结构紧实，但不失优雅与持久。100% 橡木桶酿造，但闻不到一丝气息。酒精度只有12%。卓越之作，仅对鉴赏行家而言。

2010 Kirchenstück GG ★

Kirchenstück 占地约3.7公顷，从1828年起跻身德国最贵葡萄园的行列。四周被小的砂岩石墙包围，使这里的中气候更温暖。土壤深厚且十分复杂，混合玄武岩、砂岩、石灰岩和黏土。出产的葡萄酒（所有雷司令）总是非常的浓郁复杂，但也兼具精致高雅，陈酿潜力巨大。埃特曼的2010年份酒，香气甚是清澈纯净，散发淡淡的雷司令香和上好的燧石香。口感浓厚强劲，又不失纯净细腻，回味很长，复杂度惊人，由辛咸的酸度勾勒轮廓。虽尚处于稚嫩期，却已初具大酒风范，至少要等到2016年才能饮用。

温宁酒庄概况

葡萄种植面积：约39公顷
平均产量：300 000 瓶
地址：Weinstrasse 10,67146 Deidesheim an der Weinstrasse
电话：+49 6326 221

布克林 - 沃夫博士酒庄（Weingut Dr. Bürklin-Wolf）

这座位于瓦亨海姆镇（Wachenheim）的庄园是德国最大、最重要的私人酒庄之一，打造最卓越、最持久的雷司令干葡萄酒。占地约 110 公顷，由贝蒂娜·布克林 - 冯·古拉策（Bettina Bürklin-von Guradze）经营，其家族传统可追溯至 1597 年。为保证质量，只耕种约 81 公顷土地，其余出租。2005 年起实行生物动力栽培，80% 左右的面积种植雷司令，其中大部分从 1990 年起都发酵成干型酒。

酒庄的葡萄园坐落于弗斯特、瓦亨海姆、苔德斯海姆和路佩兹山地区的村庄内，自 20 世纪 90 年代初期起就已内部分级，当时的布克林 - 沃夫是头等园干葡萄酒概念的先驱之一。1994 年至今，30% 的布克林葡萄酒已获评一级园或头等园。这个分级是基于一份 1828 年起的税收地图，还有地质状况、中气候，数次深入的品鉴，以及清楚地认识到不是每块土地都注定带来伟大的葡萄酒。布克林 - 冯·古拉策坚称："如果不是酒中明确展现的风土，我们就不会有佳酿分级。"因此，佳酿酒的原料只采摘自佳酿园。在葡萄酒的前标上，葡萄品种不被提及，因为雷司令只是被视为用来体现风土的工具而已。

如今，酒庄共有 8 款头等园葡萄酒（标记 GC）、7 款一级园葡萄酒（PC）、2 款村庄级雷司令葡萄酒（只取用未分级区域的葡萄）和庄园雷司令干型葡萄酒。

清晨，佳酿酒的原料葡萄经人工采摘放入小盒内，含糖量为 95 ~ 98°。若葡萄孢菌感染良好，接受比例可高达 20%。待葡萄冷却至 2 ~ 3℃后，整串压榨。弗里茨·诺尔（Fritz Knorr）说："我相信整串压榨的效果，因为这样能保持酸度，让我们收获极具陈酿潜力的葡萄酒。"他是酒庄第 4 位来自诺尔家

族的酒窖主管。酒庄的庄园雷司令和两款村庄级雷司令在不锈钢罐里发酵和陈酿，头等园和一级园酒则置于传统的橡木桶中。在过去的几年里，他们让葡萄汁处于 15 ~ 18℃的温度下自然发酵多达 6 个月。3 个月或更久之后进行第一次换桶。一级园酒在 5 月装瓶，头等园酒在 7 月装瓶。

据我观察，他们的葡萄酒从 2005 年开始变得更加精致、通透、充满活力。布克林 - 冯·古拉策和诺尔表示同意，他们的头等园酒和一级园酒也变得更具特色。两人都觉得这是生物动力栽培的结果。他们的佳酿酒总是酒体醇厚，复杂又甚是雅致，且陈酿潜力惊人。这里是德国极少数能以相当划算的价格买到顶级成熟葡萄酒的酒庄之一。诚然，耶稣会园和科辛斯图克园的弗斯特头等园酒售价颇高，但它们都是在酒窖里以极好的状态储藏了数年之久，价格并没有过高。

顶级佳酿

（品尝于 2010 年 10 月和 2011 年 11 月）

2005 Wachenheimer Rechbächel PC

取材自一座占地约 1.6 公顷的独占园（monopole），1971 年开始栽培葡萄。风化斑砂岩统土壤，蓄水能力极佳。葡萄酒呈现鲜艳的黄绿色。高雅的陈酿香气有明确的水果和草本植物的芳香。这款酒体醇厚、强劲复杂的一级园酒，拥有成熟的果味和丰饶的质地，又得到活跃酸度和辛咸矿物味很好的平衡。扣人心弦，现在才开始绽放。

Pechstein GC

德国葡萄酒文化的经典之一。呈现烟熏味和草本味，纯净、持久，若在年轻期饮用，不容易体会它的精妙与复杂。我的经验是放置 8 年，否则就领

右图：贝蒂娜·布克林 - 冯·古拉策，出色地延续着家族长达数世纪的光荣传统

布克林 - 沃夫博士酒庄 （Weingut Dr. Bürklin-Wolf）

上图：一块标记着布克林 - 沃夫酒窖创建日的牌匾，所处玄武岩为某些葡萄酒的酿造发挥了很大的作用

略不到它的全部实力：雅致、纯净、独特风味和绵长的盐土味。布克林拥有这座约 17 公顷佳酿园的约 1.7 公顷的土地，葡萄藤生长于多岩石的深色玄武岩土壤。

2002 我在 2011 年 11 月品尝的那款酒，香气略带还原味，但口感浓厚多汁、非常持久，最后以黄色干果的风味结束。一年前，我在西班牙普里奥拉托品尝了相同的葡萄酒，简直叹为观止！香气非常的集中明确，有黄核果的果香，成熟怡人。一如既往的复杂、浓厚，极为雅致、精妙，几近辛辣的刺激感，清新、直接、矿物味突出。回味悠扬绵长，散发杏干和桃干的美妙香气。

Kirchenstück GC

贝蒂娜·布克林 - 冯·古拉策将其称为"来自法尔兹的蒙哈榭葡萄酒（Montrachet）"。事实上，没有一款雷司令能拥有与之类似的重量与复杂，又兼具与之匹敌的雅致与精妙。这款葡萄酒中的不朽之作，近乎无限的回味，也许就如同它的饮用寿命。不过，伟大年份如 **2008** 或 **2002**，也需近 10 年的时间来展露真正的实力。这座被视为德国最贵的佳酿园占地约 3.7 公顷，布克林 - 沃夫在 1985 年获得的再植份额约 0.54 公顷。因此，它不仅十分稀有，价格也颇高（80 欧元），但是绝对物有所值。

2008 ★ 再等几年，它能成为难忘的 2002 年份酒之后又一伟大力作。尽管很早采摘（10 月 11 日），但这款酒清澈、纯净、高雅、精妙，十分美妙；由于未感染葡萄孢菌，像极了一幅展现玄武岩风土的液态照片。入口很纯净、矿物味突出、味咸，同时又极为年轻，发展程度还不高。活力四射、精力旺盛，呈现青柠和青葡萄的风味。还未展现这款葡萄酒特有的厚重感，但持久性和复杂度的潜力巨大。

2002 ★ 是我喝过的最美妙的 Kirchenstück 酒之一。它很独特：散发非常深厚、浓烈、成熟的香气，有最好的草本香和焦糖味。呈现肉质丰腴的口感，令人惊叹的浓烈强劲、厚实持久。在简练的矿物味和精致酸度的作用下，它能一如既往地保持诱人状态，几乎完美地结合了强劲力度与雅致精妙。

布克林 - 沃夫博士酒庄概况

葡萄种植面积：约 81 公顷
平均产量：500 000 瓶
地址：Weinstrasse 65,67157 Wachenheim an der Weinstrasse
电话：+49 632 295 330

克力普酒庄（Weingut Knipser）

这是我在法尔兹产区最喜欢的酒庄之一，独具特色的葡萄酒只是其中一个原因。在这里，一切都显得有点疯狂，不可预见的事情总是在发生。来到酒庄，首先迎接你的不是一次握手，而是一个酒杯，这里的人称之为"工具"。可能会出现 4 位克力普家族的人为你做品酒向导：沃纳（Werner）和沃克（Volker）两兄弟、沃纳的女儿赛宾（Sabine）和沃克的儿子史蒂芬（Stephan）。他们都是训练有素的葡萄酒专家，但也有意见分歧的时候。此时便会在新品酒室里引发激烈的讨论，私人客户也能参与其中。因此，与克力普家族一起品酒（他们称之为"上午酒"）总是一件大事。

甚至在你落座之前，他们就会送上第一款酒——卡帕伦堡雷司令珍藏级干酒（Kapellenberg Riesling Kabinett trocken），轻盈但集中，颇为强劲且活力十足，绝不会让你失望。它的酿酒葡萄生长于砂质土壤。其实在德国，克力普酒庄真正出名的还是红葡萄酒，毕竟他们从 1991 年开始就栽培赤霞珠。

酒庄位于法尔兹北部一个叫劳梅尔斯海姆（Laumersheim）的不起眼村庄，近莱茵黑森边界。地势相当平坦，但部分肥沃、部分贫瘠的土壤，拥有足够的石灰质来打造任何颜色、任何品种伟大强劲的葡萄酒。还有哪款葡萄是克力普家族不种的吗？大概就是巴克斯了吧。

我可以推荐比较便宜的日常酒，或是像黄奥尔良（Gelber Orléans）这样的珍品，但那是不公平的。沃克·克力普在安排萨乌马根园雷司令头等园干酒（Saumagen Riesling GG）和樱桃园黑品乐头等园干酒（Kirschgarten Spätburgunder GG）的垂直品鉴时对我说："如果你在书里描写了萨乌马根园雷司令和依迪园雷司令，就不能只推荐卡帕伦堡雷司令。"他还想向我展示其他几款葡萄酒的数支年份酒。如特酿 X（Cuvée X），这是德国最好的波尔多混酿酒之一；西拉，它的 2003 和 2007 年份酒非常棒；还有家族其他不应忽视的雷司令和黑品乐头等园酒。

这就是克力普酒庄唯一的问题：不可能几句话就讲解完他们所有的葡萄酒。这里有基础级的、中档的、头等园的，但也有高于头等园，甚至更高级别的葡萄酒。很多葡萄酒在价格单发出不久后即告售罄，但紧接着就会出现新的价格单，都是成熟的和你从没听说过的葡萄酒。好在酒庄坐拥约 57 公顷的葡萄园，随时都有不错的葡萄酒等着我们。

顶级佳酿

（品尝于 2010 年 10 月和 2011 年 11 月）

Steinbuckel Riesling GG

自 2009 年起，朝南的杏山园（Steinbuckel）正式成为劳梅尔斯海姆的独立葡萄园。1971 ~ 2008 年期间，它只是门德堡（Mandelberg）头等园里的一小块土地，但克力普家族的人总是用它命名雷司令头等园干酒。石灰岩土壤覆盖很薄的黄土和壤土层，因此赋予这款酒紧实的结构和刺激的矿物味，很适合饮用。过去几年里，葡萄采摘都会略微提前，含糖量最高达 95° 以维持 12.5% 酒精度。数年来，残糖量都接近于零，为的是强调葡萄酒的结构。葡萄酒部分发酵于不锈钢容器，部分发酵于 600 升的 Halbstück 木桶，年产量为 7 500 瓶。

2008 主要在不锈钢容器中发酵。香气十分细腻雅致。口感方面，轻盈又不失浓烈、强劲，还有精致的酸度和绵长的盐味与之平衡。

2007 展现白色水果和草本植物的精致香气；入口非常的优雅精妙，且结构紧实，妙趣横生，回味悠长。

Halbstück Réserve Riesling trocken
2009 ★ 鲜亮、清新，散发纯质石灰岩和最

克力普酒庄（Weingut Knipser）

出色的雷司令芬芳。入口十分紧实新鲜，非常的纯净明确，残糖量极少，酸度活跃，极其复杂，还有突出闪耀的矿物味。卓越之作。

2004 ★ 选用质量最好的4个木桶。呈现鲜黄色泽。非常集中而复杂的果香，伴着草本和香料的气息。生动、丰满、浓郁，酒精度仅为12%；十分优雅平衡，且持久多汁。是世界级的雷司令。

Kirschgarten Spätburgunder GG

产自樱桃园（Kirschgarten）南部，纯质石灰岩上覆盖薄薄的黄土、壤土和砂土层。从2008年开始，酒庄采收略微提前，葡萄含糖量降低。在波尔多橡木桶中陈酿的时间，也从原来的2年缩短为12～18个月。

2009 他们认为这是克力普历史上最好的黑品乐年份酒。勃艮第克隆品种（Fin和Très Fin）的比例在50%以上，但葡萄藤的年龄只有5～8岁。直到2007年才选用1989年种植的德国克隆品种。橡木桶接近全新。香气甚是浓烈，散发黑樱桃的成熟果香，略带烟熏味。柔滑多汁的口感丰满、紧实，酸度良好，单宁还带着颗粒感。拥有极佳的潜力。酒精度13%。

2004 散发成熟的樱桃果香和品乐葡萄的迷人香气，精致而浓烈。口感集中纯净，颇为朴素直接，清新度佳。陈年潜力不错，但大部分可能已经湮没于历史与记忆中。

2003 100%新橡木酿造，但基本上没什么烘烤味。选用9月初采摘的葡萄。散发樱桃和花卉的香气，没有过熟。口感丰满、雅致、柔滑；温和甜美，呈现优秀的集中度和持久性。

左图：乐于挑战、热情好客的克力普家族：沃纳（右）和女儿赛宾（中）、沃克和儿子史蒂芬

克力普酒庄概况

葡萄种植面积：约57公顷
平均产量：380 000瓶
地址：Johannishof, Haupstrasse 47,67229
Laumersheim
电话：+49 6238 742

凯勒酒庄（Weingut Keller）

自2001年接管酒窖、2006年全面接手家族酒庄以来，克劳斯·彼得·凯勒（Klaus Peter Keller）就凭借一系列品质出众的葡萄酒，特别是莫斯坦（Morstein）、阿布茨德（Abtserde）和胡巴克（Hubacker）等雷司令头等园酒，成为欧洲各地年轻酿酒人和葡萄酒狂热者的精神领袖。2011年收获期，我在和年轻工人们交谈时发现，他们不仅欣赏凯勒酿造的葡萄酒，还很喜欢他的精神和对葡萄酒的热情，以及知识的分享。完成葡萄园一天的工作之后，整个团队，包括凯勒·彼得和他的妻子茱莉亚（Julia），就会围坐在一起共进晚餐，品尝和讨论最好的葡萄酒。

1789年，他的家族从瑞士来到德国的沃纳高（Wonnegau）地区，在达斯海姆市（Dalsheim）创立了凯勒酒庄。祖先从修道院买入的达斯海姆胡巴克园现在依然是家族最重要的种植地。他们持有这座东南朝向的葡萄园最初全部的土地（约4公顷），1971年扩大到约22.6公顷，95%种植雷司令。很多种植于1978年，是从萨尔河谷沃伯莱莫尔村（Oberemmel）的植株里菁英选择而来的，那里是凯勒已故母亲海德薇（Hedwig）的故乡。凯勒对基因多样性通常都很热衷，他种植并嫁接了许多菁英选择而来的植株，从摩泽尔和萨尔最古老的葡萄藤，到阿尔萨斯和勃艮第的顶级庄园。

凭借一系列品质出众的葡萄酒，特别是莫斯坦、阿布茨德和胡巴克等雷司令头等园酒，克劳斯·彼得·凯勒成了欧洲各地年轻酿酒人和葡萄酒狂热者的精神领袖。

右图： 克劳斯·彼得（第9代）和儿子马克西米利安（第10代），在凯勒酒庄的葡萄园里使用修枝剪刀

从法尔兹乃至整个德国，埃特曼成为人们争相讨论的酿酒红人。究其原因，正是因为他的葡萄酒品质出众。好几本葡萄酒指南都提名他为 2011 年度最佳新人。

目前，凯勒家族种植葡萄约 16 公顷，95% 在沃纳高，其余在尼尔斯坦村（Nierstein）的红坡上。75% 只用于种植雷司令，20% 用于勃艮第品种（白品乐、灰品乐和黑品乐）或希瓦娜，5% 用于雷司兰尼和施埃博。干葡萄酒取材自后者，前者则只用于甜葡萄酒的酿造。尽管凯勒把重点放在干葡萄酒上，酿造规模很小，但他也是德国最优秀的甜葡萄酒酿造商之一，带来可口的晚摘酒、雅致而精准的逐串精选酒，还有极高雅的 BA 酒和 TBA 酒。他的某些葡萄酒在巴特克罗伊茨纳赫（Bad Kreuznach）的年度拍卖会上拍出了天价。

要得到一瓶凯勒头等园干酒实在太不容易了，因为每到 5 月，凯勒敞开大门拿出他们最新的期酒时，整整一年的量会在 2 周内被一抢而空。那些抢到酒的幸运儿只会按瓶出售凯勒的葡萄酒，而且只卖给他们最好的客户。因此，家族和他们的长期客户之间形成了一个近乎封闭的圈子。而且，随着越来越多的新手敲响酒庄大门却只询问高评分的头等园酒或 TBA 酒，这个圈子也变得越来越封闭。没有直达头等园干酒的途径，只能先尝试基础或中等的葡萄酒，它们的出色已经有目共睹，如希瓦娜、灰品乐或岩石雷司令（Riesling von der Fels）。

石灰岩不仅让胡巴克园成为非常特别的种植地，也成就了沃纳高山区的其他热点葡萄园。酿造著名韦斯托芬（Westhofen）头等园酒的葡萄园也是如此：教区园（Kirchspiel，约 3 公顷）、阿布茨德园（约 2.6 公顷）和莫斯坦园（约 1.9 公顷），全都是雷司令。凯勒

左图：在韦斯托芬的莫斯坦头等园收获葡萄，人工挑选只是细致栽培的最后一步

认为，对于葡萄酒的品质和风格来说，土壤比葡萄园的朝向更重要。韦斯托芬佳酿园和附近胡巴克园的葡萄酒总是如此惊人：精准如激光，咸如牡蛎，巅峰时带来触电般的兴奋感。相比之下，2009 年酿造的佩滕塔尔雷司令头等园干酒（Pettenthal Riesling GG）则是另一种状态：相当柔和、雅致，如丝般顺滑。2011 年，凯勒着手酿造一款黑平雷司令头等园干酒（Hipping Riesling GG），取材自一处约 0.5 公顷的地块，坡度接近 80%。两地种植的都是 30 年以上的葡萄藤。

关于凯勒的葡萄酒，最惊人的一点是：它们极其浓郁和复杂，酒精度却不高，因此很容易消化。凯勒说："伟大的葡萄酒必须以一种精准的，但毫不费力的方式体现它的出身，这样的葡萄酒总是让人乐于饮用。"显然，这样的葡萄酒只能在葡萄园里创造，而不是在酒厂中。

追求酒中平衡的凯勒也在争取葡萄园的平衡。每个地点、每个地块都是单独耕种，并高度重视不同采收年份下的各种需求。为了最终得到果实小而成熟、果皮厚而健康、风味浓烈、易掌握、酸度成熟但充满活力的松散果串，凯勒一直将葡萄藤置于"积极的压力"之下，这让它们更能抵抗疾病和腐烂的侵扰。他将原来 6 500 株 / 公顷的种植密度提高到 8 500 株 / 公顷，叶冠的高度也比几年前降低很多。克劳斯·彼得解释说："我们不追求过高的含糖量，因为我们的葡萄酒酒精度不会高于 12.5%。"

凯勒说，葡萄香气、风味的强度与精准度要比糖分重要得多。因此，即使天气再好，他也不会在糖量足够高的时候采摘葡萄。谈到如何酿造伟大的葡萄酒，他认为耐心是最重要的。凯勒说："从数据上分析，10 月没有

太多变化，但葡萄的风味提升了很多。因为在下半月，葡萄获得理想的冷藏条件，夜间温度降至冰点，白天又比较温暖。于是，浆果内形成了很好的酚类物质和成熟的酸性结构。"

凯勒的目标是尽可能地晚采摘，他更希望葡萄的成熟进程是持续而缓慢的。在较凉爽的年份，如果保持低产，这不是什么大问题。"但是，如果我们在较温暖的年份过早减产，就会推动葡萄的过早成熟，还会有灰霉病的威胁，因为8月甚至9月初可能非常多雨。"因此，在温暖早收的2011年，葡萄园的产出高于2010年和2008年。相比之下，如果2010年和2008年这种晚收年份的产出能更高，他就不会去采摘那些完全成熟的葡萄。2010年和2008年的最后一批葡萄在11月20日完成采摘，头等园的产量控制在3 000～3 500升/公顷；而在2009年和2011年，11月初和10月底就已完成采收，产量是4 500升/公顷。随着气候的变化，德国酿酒商面临的天气状况要比几年前极端得多，凯勒强调说："越少并不总是越好的。"

他的对策已经部署到了圣诞和新年之间，就像他会提前预测每一次的采收期："过去近15年的经验让我们了解到，偶数年份如2010、2008或2002年总是比较凉爽和晚收的。相反，奇数年份如2011、2009、2007、2005或2003年总是温暖的，葡萄往往会提前成熟。"

采收团队里有20名工人，再加上整个家族，包括孩子。佳酿园里安排5位专家，再加上凯勒本人，他们能够决定葡萄是充分成熟，还是需要再悬挂几天。

在酿酒厂里，所有葡萄进入压榨房之前必须先由克劳斯·彼得的父亲老克劳斯检查质量。2011年是他第46次采收。葡萄是否除梗、是否浸渍（如果是，那需要多久）都取决于葡萄的质量。没有规则，除了"我们不想制造怪物。我们采取能想到的最好的办法来提取最优良的物质，得到一款雅致愉悦的精品葡萄酒"。在某些年份，葡萄汁在不锈钢罐中发酵（主要是较温暖的年份）；而其他（较凉爽的）年份，则在传统的立式大木桶中发酵。换桶后，葡萄酒通常会在一个不同材质的容器中熟成，佳酿酒的熟成要一直持续到8月。绝大多数的葡萄酒都经历过钢质和木质的容器。

除了白葡萄酒，凯勒也酿造黑品乐葡萄酒，就像他常说的那样："更多是作为一种爱好"。从那段在勃艮第的日子开始，他就经常接触黑品乐。在他眼里，黑品乐就是红色的雷司令。他共酿造了2款黑品乐头等园干酒：雅致柔滑、果味浓的柏吉尔园头等园干酒（Bürgel GG），来自一处约0.6公顷地块上40年的德国黑品乐葡萄藤；清新、纯净、直接的圣母山园头等园干酒（Frauenberg GG），取材自一处约0.5公顷的地块，葡萄藤较年轻，选自勃艮第的顶级葡萄园。两款黑品乐酒都是自然发酵，温暖年份里带梗，凉爽年份里则带少量或直接除梗。在10%～15%新的法国波尔多橡木桶中陈酿20个月，不淋皮，装瓶前不澄清、不过滤。制作黑品乐葡萄酒于凯勒而言或许是一种"爱好"，但自从2011年他把莫斯坦园里70～75岁的希瓦娜老藤嫁接到从木尼艾酒庄（Domaine Jacques-Frederic Mugnier）得来的黑品乐老藤上时，爱好就变成了雄心，值得我们期待。

顶级佳酿

虽然凯勒酒庄也有品质极好的岩石雷司令、火鸟希瓦娜（Silvaner Feuervogel）、雷司令晚摘酒，从精选级到 TBA 级的世界一流贵腐甜酒（主要是雷司令，也有雷司兰尼和施埃博），但来自沃纳高的雷司令头等园干酒是酒庄里最常规的顶级佳酿，只是除了 Hubacker GG 以外，其他头等园干酒的产量极少。

Kirchspiel GG 产自一处朝东斜坡，石灰岩土壤十分贫瘠。它的酸度总是一如既往的活泼辛辣，给略带烟熏味、纯净、雅致，几乎无重量感的葡萄酒带来了几分俏皮的爽利。

Morstein GG 产自 50 年老藤，带着灵魂深处的矿物特质，对果味不以为意，是真正的大酒，像极了勃艮第最好的头等园佳酿。如葡萄酒大师杰西丝·罗宾逊所说，富于表现力的 Morstein 适于思考，**Abtserde GG** 则更适于饮用。极为清新纯净，扣人心弦，复杂程度与 Morstein 不相上下，但似乎少了点厚重，多了鲜明灿烂的一面。大约 600 年前，它是沃尔姆斯主教们最喜爱的葡萄酒。我猜是因为它的纯净、活力、充满生气，所处的石灰质土壤和夏布利地区（Chablis）的一样。

G-Max Riesling 是一个谜，因为凯勒不以它的产地命名，只是说这款酒来自非常特别的雷司令老藤。自从凯勒将这款酒献给他的曾祖父乔治（曾炸毁胡巴克园上部梯田）和大儿子马克西米利安之后，它的酿酒葡萄可以生长在胡巴克园里。总之无需操心，因为它稀有（1 500 瓶）、昂贵，且近乎完美。

2011 年 9 月，凯勒请我品尝了 Hubacker GG 的 3 支年份酒，强调这是家族最重要的葡萄园。在其上部地块，大块的黄色岩石被 60 ~ 80 厘米厚的黏土层覆盖，因此供水一直不错，这对于年降雨量不足 600 毫米的干燥地区来说十分重要。Hubacker GG 只取材自 20 年以上的老藤，因而总是富于表现力：清冽、纯净、精准，又不失复杂、精巧与雅致。酸度、盐味和果味之间的相互作用生动细腻，引人注目。

我记得几年前的 Hubacker GG 口感更宽广、肥硕，没想到从 2008 年起，它变得如此纯净雅致、轻盈活泼。

Hubacker Riesling GG

2010 ★ 这是克劳斯·彼得记忆中最完美的几次采收之一。葡萄个头小，成熟缓慢，11 月 12 ~ 15 日采摘时颜色金黄，提取物含量 20 多年来最高。酒精度为 12.4%，但香气集中、辛辣，散发葡萄干的成熟香味。口感浓厚、辛咸，极富矿物味，就像熔化的石灰岩，甚是复杂，层次多变。呈现清新柑橘味，回味之长令人惊叹。

2009 10 月底，凯勒 84 岁的祖父看着这些送到酿酒厂的葡萄说道："完美的葡萄，一生可能都见不到几次。"这支年份酒还留有酒糟的气息，香气浓厚复杂。呈现强劲、重酒体、极浓醇的口感，质地绵软，有着开胃的酸度，清新，有盐土味。还年轻，但显然潜力巨大。

2008 ★ 这是一个相当凉爽晚熟的年份，直到 11 月 20 日才结束头等园的葡萄采收。产量低至 3 000 ~ 3 500 升／公顷。在 2001、2003、2005 和 2007 等年份之后，德国酿酒人竭力避免葡萄过熟，2008 年的问题却正好相反。凯勒说："这就是我如此喜欢这份工作的原因：你永远不知道第二年会发生什么。大自然像情人，你要适应她的任性多变。"2008 年，葡萄留梗，浸渍 18 ~ 20 个小时以降低高酸度。十分精准、集中。口感浓厚、辛辣、直接；结构紧实，矿物味突出，充满生气，纯净辛咸，扣人心弦。

凯勒酒庄概况

葡萄种植面积：约 16 公顷（75% 雷司令，20% 白品乐、灰品乐、黑品乐和希瓦娜，5% 雷司兰尼和施埃博）

平均产量：100 000 ~ 120 000 瓶

地址：Bahnhofstrasse 1, 67592 Flörsheim-Dalsheim

魏特曼酒庄（Weingut Wittmann）

魏特曼家族葡萄栽培的历史可追溯至1663年，但首批年份酒装瓶是在1921年。直到20世纪90年代初，魏特曼家族才结束混合农业，开始专注葡萄酒的酿造，并成为德国最好的雷司令酿造商之一。

酒庄坐落于沃纳高韦斯托芬的历史中心，莱茵黑森的南部山区。在肥沃的莱茵冰河谷，坡地平缓，近地中海气候，魏特曼家族共栽培约25公顷葡萄藤，它们生长于黏土、泥灰岩或黄土土壤，底下是石灰岩。雷司令占三分之二，其他有希瓦娜、施埃博、阿巴龙加（Albalonga，只用于贵腐甜酒）、白品乐、灰品乐和霞多丽，用于酿造白葡萄酒；黑品乐和圣罗兰，用于酿造桃红葡萄酒和红葡萄酒。

从20世纪90年代起，魏特曼酒庄只专注于葡萄酒的酿造，并成为德国最好的雷司令酿造商之一。

韦斯托芬有许多令人印象深刻的佳酿园，在村庄的北面和东北面比肩而立：莫斯坦园（Morstein）、花房园（Brunnenhäuschen）、采石园（Steingrube）、教区园（Kirchspiel）和奥莱德园（Aulerde）。奥莱德园和教区园的葡萄比莫斯坦园和花房园的葡萄早成熟7~10天，都能结出德国最好的雷司令葡萄。除了采石园，其他葡萄园都获评VDP头等园。魏特曼家族在每座葡萄园里都持有种植地块，包括采石园。后者从未在任何酒标上提及，但孕育了极具勃艮第特色的白品乐S干型酒（Weisser Burgunder S trocken）和霞多丽S干型酒（Chardonnay S trocken）。两款酒的酿酒葡萄都生长于石灰质土壤。

魏特曼酒庄自1990年起实行有机栽培（Naturland认证），又从2004年开始发展生物动力栽培（Demeter认证）。菲利普·魏特曼（Philipp Wittmann）自1998年接管酒窖、2007年接手整个酒庄。决定走生物动力栽培的道路，主要是出于品质考量，"运用生物动力法，让葡萄汁在大木桶中随天然酵母发酵，我们想为葡萄酒争取更多的平衡、真我，还有张力"。

魏特曼的任务就是以最真实的方式反映葡萄酒的出身。他说："我想要打造的葡萄酒纯粹、直接、深厚、多汁，又不乏清新、雅致与细腻的口感。"因此，魏特曼的目标是芳香馥郁的健康葡萄，成熟但不过熟，完全不受葡萄孢菌的影响。

20多年来，葡萄园里从不使用除草剂、杀菌剂和化学肥料。采用生物动力法的魏特曼力争葡萄园的自然平衡，葡萄成熟进程缓慢，达到生理成熟时糖量较低，但矿物风味浓烈。据魏特曼介绍，自实行生物动力栽培以来，葡萄果串"更疏松，果实更小，果皮更厚"。他还补充说，因为不希望葡萄酒的酒精度超过12.5%，所以希望葡萄完全成熟时达到的糖量为90~96°，而不是100°。

为了让土壤肥沃并增加腐殖质含量，隔行播种草本植物和豆科植物，其他行则在夏季犁除。种植密度为6 000株/公顷，叶冠颇为矮小稀疏。开花后不久便在葡萄区轻度摘叶，到了8月，葡萄东面的叶子则完全去除。根据采收年份，相比疏果手段，魏特曼更喜欢果串减半。在温暖早收的年份，如2011年，葡萄园的产出较高，将通过首次选择性采摘减量。

对于头等园干酒，魏特曼只取材20年

右图：睿智的菲利普·魏特曼，他让酒庄走上生物动力栽培的道路，带来耀眼出众的葡萄酒

上图：虽然可能没有那么多古老的历史或华丽的装饰，但菲利普·魏特曼一直在这些卧式大橡木桶中发酵他的顶级葡萄酒

以上的老藤。遗传学是影响葡萄酒品质的另一个重要因素。菲利普继承父亲君特·魏特曼（Günter Wittmann）挑选老藤的做法，栽培从阿尔萨斯和萨尔产区精英选择而来的植株，增加基因多样性。他相信，这比盖森海姆的克隆品种更有利于酿造动人心魄的葡萄酒佳品。

头等园全部手工采摘，且总是晚收。如果葡萄健康，浸皮过程可持续相当长的时间。在 2010 等年份，长达 24 小时；在较温暖的年份，最长达 4 小时。静置沉淀后，葡萄汁自然发酵，多数在圣诞节之前结束。头等园干酒至少 70% 木桶发酵（在 1 200 升的 Stückfass 桶和 2 400 升的 Doppelstück 桶内），而对于更多果味主导的基础级和村庄级葡萄酒来说，发酵和陈酿的容器是 50% 不锈钢罐和 50% 橡木桶（1 200 ～ 5 400 升）。白品乐和霞多丽葡萄酒的发酵和陈酿在 600 升

木桶和旧的波尔多橡木桶中进行。保留酒糟，直到 4 月（基础级葡萄酒）或 6 ～ 8 月（头等园干酒）装瓶。

魏特曼酒庄的葡萄酒，95% ～ 98% 干型，以纯净、雅致、细腻著称，又兼具复杂、直接和令人兴奋的回味。基本款单品种葡萄酒相当不错，重点突出灿烂的果味、轻盈的酒体和细腻的口感。韦斯托芬村庄级雷司令和希瓦娜（来自奥莱德园）美味可口，性价比高。至于头等园干酒，则是百里挑一的精华之作。

顶级佳酿

（品尝于 2010 年 9 月）

2010 Westhofener Riesling trocken ★ [V]

取材自莫斯坦园（50%）、花房园和教区园的年轻葡萄藤，甚是清新精妙，颇为复杂，展现诱人的水果风味。口感杰出，非常纯净雅致、辛香细腻。精致的酸度，绵长的辛咸回味。可口！

Aulerde Riesling GG

坐北朝南的奥莱德园是韦斯托芬北部最温暖的佳酿园。地处韦斯托芬盆地下段，受到很好的保护，坡度平缓，海拔为 90 ~ 120 米。土壤是深黏土，但没有岩石，只有底土里的砾质砂和黏土砂。50 年的雷司令老藤带来永远成熟、浓醇、圆润的特质，还有近似热带水果的强劲风味。我觉得，它缺少教区园的纯粹与辛辣，又少了莫斯坦园和花房园的复杂与特别。它的 2010 散发灿烂、深厚、辛辣的香气。得益于较长时间的浸渍，呈现不错的结构。质地浓醇，有辛辣的矿物味和悠长的辛咸回味。

Kirchspiel Riesling GG

教区园的特色是显露在种植区上部某些地块里的石灰岩，表层是多石的泥灰岩土壤，并不太深。这座朝东的葡萄园颇为陡峭，最高海拔约 150 米。雷司令在这里表现出色，既能享受早晨的阳光，又能度过凉爽的夜晚。一如既往地展现矿物味，辛辣、活泼，兼具优雅和多变，是真正的雷司令经典之作。它的 2010 颜色颇浓，但酒香十分纯净，呈现最好的雷司令和石灰岩的风味，让我不禁想起普里尼 - 蒙哈榭（Puligny-Montrachet）产的葡萄酒。果味浓烈直接，搭配刺激的矿物味，有悠长辛咸的回味。陈年潜力极佳。

Brunnenhäuschen Riesling GG ★

葡萄园坐北朝南，海拔为 220 ~ 240 米。最有趣的是，它的石灰质泥灰岩土壤含铁（红土），赋予葡萄酒浓烈的口感、激动人心的矿物味和强劲复杂的回味。这款酒口感浓醇、深厚集中，成熟果味搭配辛辣矿物味和精致原味，结构华丽但持久。优雅醇厚，非常纯粹直接，回味持久，是一款令人动容的雷司令杰作，有蒙哈榭葡萄酒的复杂。

Morstein Riesling GG ★

坐北朝南的莫斯坦园最高海拔约 280 米，但魏特曼的地块略低，为 180 ~ 220 米。石灰岩被黏土覆盖，但土层很薄。葡萄藤（多数种植于 1982 年和 1986 年）穿透岩石生长，出产深厚、复杂、持久、纯净的葡萄酒，令人印象深刻，兼具多层次的细腻口感。

2010 ★ 十分深厚、浓郁，散发独特的矿物气息，展现充分成熟的水果香气。口感很丰富，近乎浓稠，前端不如 Brunnenhäuschen 开胃可口。需要几分钟甚至几年时间来发展它的高雅纯净和精致的酸度。十分强劲、复杂、浓烈；还有很长的路要走。

2009 ★ 可能是目前为止最激动人心的一支年份酒。香气十分清冽明确（尽管是温暖的年份！）。精致优雅的佳酿在口中跳跃起舞，似乎只有矿物和熔石的风味，如此纯净。优雅细腻的口感甚是惊人。

2008 香气朴素，但清新雅致。果味相当成熟，味干色白。矿物味突出，雅致，细腻十足。但我觉得，它已经略有释放。

2007 香气清澈：不同程度的成熟果香搭配淡淡的薄荷味，或许就是熟成的首个提示。入口雅致，坚定的矿物味带来强劲、复杂、悠长的口感。虽不及 2009 或 2010 年份酒，也可长久陈酿。

2005 干燥的一年。葡萄酒散发金蛇果和草本的素雅香气。出色的精准度和纯净的矿物味甚是惊人。质地绵软，因搅桶的缘故，收尾处略带苦味，但整支葡萄酒优雅、味咸，依然年轻。

魏特曼酒庄概况

葡萄种植面积：约 25 公顷（65% 雷司令）
平均产量：190 000 瓶
地址：Mainzer Strasse 19, 67593 Westhofen
电话：+49 6244 905 036

瓦格纳 - 斯坦普酒庄（Weingut Wagner-Stempel）

生于 1971 年的丹尼尔·瓦格纳（Daniel Wagner）共栽培葡萄约 18 公顷，其中雷司令居多，也有白品乐、灰品乐和希瓦娜等。酒庄和葡萄园位于西菲尔斯海姆村（Siefersheim），地处巴特克罗伊茨纳赫（纳赫产区）和阿尔蔡（莱茵黑森产区）之间的"莱茵黑森瑞士"（Rheinhessische Schweiz）地区。从 1992 年瓦格纳接手家族生意开始，莱茵黑森西部山区里的这片保护区，才因生产优质葡萄酒而闻名。自 2004 年起，瓦格纳就是 VDP 协会的一员。他的葡萄酒是莱茵黑森最冷冽的葡萄酒。虽然和沃纳高、红坡的葡萄酒一样，呈现成熟浓烈的黄色水果风味，但它们的清冽生动及辛辣的矿物特质像极了顶级纳赫酒。

西菲尔斯海姆周围的地貌与莱茵黑森其他地区的十分不同。这里颇为贫瘠，因为土壤由风化的流纹岩（斑岩，混有高比重的石英）构成。特点是多石、呈酸性、营养成分低。壤质表土相当薄（有几处不到 50 厘米），因而蓄水能力一般，但储热能力很好。葡萄藤（年龄越大越好，特别是雷司令）喜欢这样的自然条件，但即使是这里最老的橡树也看上去颇为瘦小，不是高大茁壮的样子。这里的气候比莱茵黑森其他地区略凉爽，但比纳赫产区温暖。葡萄藤的生长位于海拔 140 ～ 180 米，与东部地区相比，葡萄成熟更缓慢，个头更小，产量自然不高（或控制年轻葡萄藤的产量）。

瓦格纳有机栽培的葡萄藤相当年轻，因为许多新植株的加入，平均年龄只有 10 岁。不过，在他最好的种植地中，即较凉爽的赫

右图：丹尼尔·瓦格纳和妻子凯瑟琳（Cathrin），身边是酒庄古老的卧式大橡木桶，用来酿造绝妙的雷司令

尔克园（Heerkretz）和较温暖的霍尔山园（Höllberg），有几个地块上生长着 25 ~ 40 年的雷司令，既不需要疏果，也不需要用任何方式限制产量。全部收成可能都会用于两地的雷司令头等园干酒酿造。

葡萄园的种植密度颇高，为 6 000 ~ 7 000 株 / 公顷，用瓦格纳的话说，他是想让葡萄藤 "节制饮食"。树冠很低，颇为稀疏。6 月初，葡萄园东面摘叶；8 月，则完全去除。太紧凑的果串会在 7 月减半。

瓦格纳的目标是成熟但不过熟的健康葡萄，含糖量低于 100°。他很少在 10 月底前采摘葡萄，最受关注的赫尔克园通常要到 11 月才收获。葡萄酒保持高酸度，发酵成干型，只可能酿造美味的特别优质酒（晚摘或精选）。

酿酒过程十分传统。手工采摘的葡萄被轻度破碎，根据年份和果实状态，浸皮 12 ~ 48 小时。完全不做处理的葡萄汁（无酶、无膨润土、无硫）在不锈钢罐或传统橡木桶中自然发酵 2 个星期到 3 个月，尽管短暂发酵更受瓦格纳青睐。保留酒糟，直至 5 月底装瓶，不澄清，但用硅藻土过滤。

他的希瓦娜和品乐葡萄酒都很出色，但我还是更喜欢晚熟的雷司令。得天独厚的自然条件为它们带来杰出的强度、从容的精准度，以及直接而独特的矿物特质。

顶级佳酿

2010 Porphyr Riesling trocken [V]

这款大区级葡萄酒，取材自霍尔山（Höllberg）和赫尔克（Heerkretz）佳酿园的年轻葡萄藤，是德国同价位葡萄酒中最好的雷司令干酒之一。呈现完全成熟的黄苹果果香，又散发清冽、明确、辛辣的香气。口感醇厚雅致、质地顺滑，但结构辛辣、极具矿物特质。含铁土壤似乎赋予了它更多的冲劲和吸引力。回味很纯粹，令人兴奋。

Höllberg Riesling GG

朝南、东南的霍尔山园没有很陡峭的地势，但非常干燥温暖，有天然遮挡。风化斑岩土壤里有许多石块，储热能力很好。葡萄酒在传统橡木桶中发酵，饱满而浓烈，既不失矿物深度，又不乏清新口感。它的 2010 浓醇、多汁、辛香，与霍尔克相比更热烈。

Heerkretz Riesling GG

霍尔克园是一座朝南、西南的陡峭山坡，全长约 3.5 千米，远不如霍尔山园均匀，葡萄成熟常要经历一番挣扎。这里的土壤相当复杂，下段地块有较多红壤，上段地块有较多石块和冰积物。以穿透表层的流纹岩为主，也有砾石、玄武岩和页岩石灰岩沉积地带。葡萄很少在 11 月之前成熟。这款取材自 30 年老藤，在不锈钢罐发酵的头等园葡萄酒，总是强劲而生动，酒香细腻、口感纯净、近乎辛咸，酒体优雅持久。

2010 ★ 直到 11 月 8 日完成采摘，可能是目前为止最好的霍尔克年份酒。香气十分清新冷冽，但也散发成熟集中的水果芬芳。口感辛咸奔放，尽管因为减酸而不够纯粹。整支葡萄酒依然完整、和谐。

2009 香气灿烂，散发成熟多汁的水果芬芳，没有 2007 年份酒那么浮夸，有淡雅的草木香味。丰满多汁的同时又很紧实生动、辛辣刺激，展现出色的深度、强度和持久度。潜力巨大，相比前几款年份酒，甜度有所减弱。

瓦格纳 - 斯坦普酒庄概况

葡萄种植面积：约 18 公顷
平均产量：150 000 瓶
地址：Wöllsteiner Strasse 10, 55599 Siefersheim
电话：+49 6703 960 330

库尔灵 - 吉洛特酒庄（Kühling-Gillot）

库尔灵 - 吉洛特酒庄世代由女人掌管。卡洛琳·施帕尼尔 - 吉洛特（Carolin Spanier- Gillot）于 2002 年接管酒庄。身为酿酒师的她也是两个孩子的母亲，并且多才多艺。她负责卡洛琳·施帕尼尔 - 吉洛特 &HO·施帕尼尔酒庄（Weingut Carolin Spanier- Gillot & HO Spanier）的行政、销售、市场、展示、娱乐和活动管理。2006 年，卡洛琳与汉斯 - 奥利弗·施帕尼尔（Hans-Oliver Spanier）成婚，随后公司成立。自此，两座独立庄园转变为两个品牌：库尔灵 - 吉洛特（Kühling-Gillot）和巴腾菲尔德·施帕尼尔（Battenfeld Spanier）。当博登海姆小镇（Bodenheim）传统的库尔灵 - 吉洛特酒庄修葺一新，改造成一座超棒的拥有活动和休闲设施的法式庄园时，巴腾菲尔德·施帕尼尔依然是一家运行中的酿酒厂。卡洛琳的丈夫，业内人称 HO，负责照看库尔灵 - 吉洛特酒庄约 12 公顷的葡萄园和巴腾菲尔德·施帕尼尔酒庄约 28 公顷的土地。他还在上苏尔灿地区（Hohen-Sülzen）负责葡萄酒酿造。

在红坡地区，库尔灵 - 吉洛特酒庄坐拥 3 处最佳位置。葡萄酒呈现独特的水果芬芳，清新、雅致，还有强度及和谐柔滑的质感。

卡洛琳和 HO 会共同做出每一个关于成品酒的重要决定，完成每一次的桶酒试饮，因为后者不希望错过前者的女性直觉和喜好。不过，在听完 HO 讲述"他"和"她"的葡萄酒差异后，我读出了一些潜台词。至少有两种截然不同的风土，孕育两种类型大不相同的葡萄酒：一类是矿物味显著的雷司令，来自上苏尔灿和策勒塔地区（巴腾菲尔德·施帕尼尔酒庄）的石灰岩土壤，适合男性；另一类是雅致和谐的雷司令，来自红坡地区（库尔灵 - 吉洛特酒庄），适合女性。

在纳肯海姆村（Nackenheim）和尼尔斯坦村（Nierstein）之间的红坡区，库尔灵 - 吉洛特酒庄坐拥 3 处最佳位置，几乎全部用来种植雷司令，出产 VDP 头等尼尔斯坦橄榄山园（Nierstein Ölberg）、尼尔斯坦佩滕塔尔园（Nierstein Pettenthal）和纳肯海姆罗腾堡园（Nackenheim Rothenberg）。随后又在奥本海姆（十字架园）和博登海姆（城堡路园）持有土地，因其泥灰质和黏质土壤而主要栽培黑品乐和白品乐。

纳肯海姆村和尼尔斯坦村之间的红壤，令生长在陡峭红坡上的雷司令独具风味。它由 2.8 亿年前二叠纪时期的石灰质沉积物（黏土、泥沙和砂岩）组成，因莱茵裂谷和莱茵河沿岸陡坡的形成而在第三纪重回表层。风化岩土壤不深，没有很好的蓄水能力；葡萄藤根部也不易穿透更深的岩石。不过，富含碳酸盐的土壤颜色暗红、通风好，有快速增温的能力，也拥有足够的营养和矿物质（主要是铁）。

雷司令在这里的表现最出色，赋予葡萄酒独特的水果芬芳，清新、雅致，还有强度及和谐柔滑的质感。它们可以获得极好的陈年潜力，尤其是在供水不错的年份，但是在干燥年份，口感会略紧或过于释放。

因此，葡萄栽培必须适应每个年份的需求。据 HO·施帕尼尔介绍，自从实行有机栽培并使用生物动力学的某些方法以来，他们的葡萄获得了更好的平衡。在干燥的年份，葡萄藤之间的种植行用稻草覆盖，覆盖作物的保留时间则很短暂。除了必要时的一点堆肥，施帕尼尔从不使用肥料。他说："如果土壤和葡萄是平衡的，那么葡萄酒也是平衡的。"

自汉斯 - 奥利弗酿造酒庄的葡萄酒以来，库尔灵 - 吉洛特凭借品质和表现力成为红坡地区的领导品牌。他们的葡萄酒系列等级分明，用 HO 的话说就是 99% 干型。至于优秀的单品种葡萄酒，无论白葡萄酒、红葡萄酒，还是桃红葡萄酒，你都会面临太多的选择。酒庄还有两款出色的一级园酒，即奥本海姆雷司令（Oppenheim Riesling）和尼尔斯坦雷司令（Nierstein Riesling）。我不是很了解他们的品乐酒，但十字园黑品乐 2008 年份酒（2008 Spätburgunder Kreuz）深厚、成熟、清新，单宁精致，回味长，与卡洛琳招待我的野猪肝是绝配。那是在 2011 年的秋天，在此之前，我们先品尝了以下酒款。

顶级佳酿

Ölberg Riesling GG

取材自红坡区最朝南的位置及唯一正南朝向的葡萄园。坡度超过 60%，因而光照强烈。总是带来醇厚、丰满、强劲的葡萄酒，又不失雅致和精准。它的 2010 年份酒，精致、柔滑，也兼具复杂、生动和辛咸。

Rothenberg Riesling GG

罗腾堡园（Rothenberg）位于红坡区的最北端。库尔灵 - 吉洛特酒庄持有的地块就处在这座东南向斜坡的顶端，占地约 0.5 公顷，但地势非常陡峭，四周被石墙包围。葡萄生长受益于早晨的阳光和莱茵河反射的光线。松软的土壤令葡萄根部得以深入。据卡洛琳所说，这里的葡萄藤种植于 1933 年，没有被嫁接过。它的 2010 年份酒，温和圆润、香气出众，呈现淡雅的辛香。优雅、丝滑，以高雅的原味、刺激的盐土味和怡人的紧致感为特点。回味悠长，陈年潜力很好。

左图：博登海姆镇的家族庄园在经历多位女性庄主之后，迎来了多才多艺的卡洛琳·施帕尼尔 - 吉洛特

Riesling Pettenthal GG

库尔灵 - 吉洛特酒庄在佩滕塔尔园（Pettenthal）持有的朝东地块坡度超过 70%，最高海拔约 170 米，可能是莱茵黑森产区最陡峭的葡萄园。表层土很贫瘠，故葡萄根部可深入红坡松软的岩石层。无法进行机械耕作，全部都是手工完成。卡洛琳发觉葡萄采摘时的气味像柴油，不过幸好没有体现在酒里。相反，这款葡萄酒以出色的草本香气为特征，散发柠檬、百里香和墨角兰的芬芳，还有接近热带水果的风味。酒体总是醇厚又不失雅致与和谐，即使在温暖和干燥的年份也有细腻的口感，反而让它展露最好的状态。

2010 香气十分精致，散发精准而辛香的水果芬芳，伴着花卉和草本的气息。非常精巧雅致，绝妙多汁，顽皮而杰出。拥有很好的陈年潜力。

2009 ★ 香气深厚、强劲酷爽，散发草本芬芳、些许甘草香，还有成熟水果的风味。口感很浓醇，但被活跃的酸度和辛辣的矿物味抵消。从不失精准、细腻与雅致。回味丰富悠长，但灵魂还在游荡。

2008 香气灿烂，依然是草本的芬芳和成熟水果的风味，佩滕塔尔园的风土开始展现。味咸多汁，是一款清冽、雅致，保持原味的佩滕塔尔园酒，有紧实的结构和悠长的回味，而与之后的年份酒相比，更显锐利分明。

2006 采摘出奇得晚，延至 11 月初。佩滕塔尔园却未受影响，依然保持干燥。葡萄酒的香气还是一如既往的清澈纯净，果香成熟而浓烈。口感方面，却比平常更柔顺醇和，少了标志性的辛凉矿物味和细致原味，倒是非常适合搭配食物。

库尔灵 - 吉洛特酒庄概况

葡萄种植面积：约 12 公顷（60% 雷司令，加上灰品乐、施埃博、黑品乐）
平均产量：80 000 瓶
地址：Ölmühlstrasse 25, 55294 Bodenheim
电话：+49 6135 2333

巴腾菲尔德·施帕尼尔酒庄（Battenfeld Spanier）

汉斯-奥利弗·施帕尼尔出生于1971年，业内人称HO，在1990年接管家族酒庄时拥有约8公顷的葡萄园。不过他说那全都是垃圾。在品尝过海尔·赫恩斯海姆酒庄（Heyl zu Herrnsheim）一款希瓦娜1990年份干葡萄酒之后，HO心中的葡萄酒开始成形——干型，体现来源的顶级葡萄酒。施帕尼尔确信，莱茵黑森南部的潜力远大于其价廉味甜的形象。只是需要顶级葡萄园来栽培优质的葡萄品种，比如雷司令、希瓦娜和黑品乐。于是，他开始购买和交换葡萄园。"葡萄园越好，就越容易成功，因为好的葡萄园总是要投入很多的劳动。在20世纪90年代，不少葡萄酒生产商想通过花费尽可能少的时间和精力来获得收入。"

施帕尼尔说："伟大纯正的葡萄酒，应该是从容而舒展的。"随着第20个年份酒的诞生，HO终于达成了自己的目标。尤其是他的头等园干葡萄酒，表现从未如此出色。

几年后，施帕尼尔得到了一些位置极佳的地块，都是来自19世纪末的知名葡萄园，只是如今已无人记得。目前，他在上苏尔灿、蒙斯海姆（Monsheim）和莫斯海姆（Mölsheim）地区为巴腾菲尔德·施帕尼尔酒庄栽培约28公顷的葡萄藤。从2004年起，他又在奥本海姆、纳肯海姆和博登海姆地区为妻子卡洛琳的库尔灵-吉洛特酒庄栽培约12公顷的葡萄藤。巴腾菲尔德·施帕尼尔酒庄超过60%的葡萄是雷司令，也有希瓦娜、白品乐和黑品乐。葡萄园实行生物动力栽培，地处石灰岩地带。该结构可见于多地，从当纳斯山（Donnersberg）穿过策勒塔，到达韦斯托芬地区。这也是黑赫尔戈特园（Am Schwarzen Herrgott）、圣母山园、科辛斯图克园、柏吉尔园、胡巴克园和莫斯坦园获得VDP头等园地位的重要原因。施帕尼尔坚持认为："就是纯白垩为我们的葡萄酒带来了X因素：深度和惊人的回味。"

HO强调，每座葡萄园的栽培方式都各不相同，这取决于它们各自的需求。低产量控制在3 500～4 000升/公顷。无论酿造哪种葡萄酒，葡萄都在轻度破碎后浸皮8小时到3天。如酿造头等园干酒，则一定是在传统卧式橡木桶中自然发酵，酒糟陈酿至过滤装瓶前一天。

施帕尼尔说："伟大纯正的葡萄酒，应该是从容而舒展的。"随着第20个年份酒（2010）的诞生，HO终于达成了自己的目标。尤其是他的头等园干葡萄酒，表现从未如此出色。

巴腾菲尔德·施帕尼尔酒庄有一系列等级分明的葡萄酒，全部酿成干型，且只要条件允许，都选用不受孢菌感染的葡萄。充分展现特性的大区级葡萄酒（雷司令、白品乐、希瓦娜和黑品乐）之上是复杂的村庄级葡萄酒（来自莫斯海姆和上苏尔灿地区的雷司令，以及来自上苏尔灿地区的白品乐和希瓦娜）。最后拔尖的是4款头等园干酒：Stückfass桶发酵的科辛斯图克园黑品乐葡萄酒和3款雷司令葡萄酒：黑赫尔戈特园（莫斯海姆地区）、圣母山园（下弗洛斯海姆地区）和科辛斯图克园（上苏尔灿地区）。

顶级佳酿

Zellerweg am Schwarzen Herrgott Riesling GG

地处策勒塔东部，朝南，毗邻法尔兹。在施帕尼尔约1.5公顷的头等园干酒地块上，雷司令葡

上图：汉斯 - 奥利弗·施帕尼尔，20 年来一直实践着他的目标，酿造"体现来源的顶级干型葡萄酒"

萄生长于十分贫瘠的石灰岩碎石土壤，这里白天温暖、夜晚凉爽。首个年份酒 2010，口感深厚，矿物味突出，结构紧实，又不失优雅与精致。

Kirchenstück Riesling GG

这是一座得到很好遮蔽的约 3 公顷的佳酿园，拥有深厚的石灰质泥灰岩土壤。葡萄藤平均年龄 35 岁，葡萄酒总是那么浓醇强劲；2010 也很纯粹直接，展现矿物味，还有辛辣酸度做后盾。

Frauenberg Riesling GG

施帕尼尔持有圣母山园中约 6.5 公顷的土地，但由于最贫瘠的石灰岩土壤在地势最高的位置上（海拔最高约 260 米），头等园干酒地块的面积只有 1.5 公顷。这款葡萄酒在辛辣深厚、矿物味显著的同时又兼具纯净、雅致、精巧细腻。我觉得它是这里最好的头等园葡萄酒。

2010　11 月 4 日采收。香气清冽、辛香、雅致。与之前相比，果味有所收敛，但它的纯净、通透及精巧细腻令人惊叹。复杂，回味很长。

2009　也在 11 月初采收。它的颜色更深，近乎金色，酒香浓郁成熟，有草本气息。口感丰腴、十分浓烈，厚重又很甜，但收尾处略有一丝苦涩。

2008　11 月 16 日采收，含糖量为 88°。十分雅致精妙，风味独特，有白色水果干味，后者是葡萄酒熟成的初步信号。很甜，但收尾处略干。

2001 ★　近乎金色。成熟得恰到好处，散发淡雅的草本香气。结构曼妙，有精致的酸度，依然活泼紧致，回味处重现草本味。

Riesling CO

在伟大的年份如 2007、2009 和 2010 年，施帕尼尔酿造了这一款品质一流的 Riesling CO，只是产量极少。来自 Schwarzer Herrgott 和 Frauenberg 园里经过挑选的葡萄藤，它们的葡萄果实最晚采摘。浸渍时间长达 56 小时，在 600 升的立式木桶中自然发酵。采收 3 ~ 4 年后即投放市场，和凯勒酒庄的 G-Max 一样，售价相当高。

2010 ★　非常浓醇复杂，紧密交织，以惊人持久的盐土味收尾。

2009　更宽阔，貌似更甜，但实际残糖量低于 4 克 / 升。

巴腾菲尔德·施帕尼尔酒庄概况

葡萄种植面积：约 12 公顷（60% 雷司令，加上希瓦娜、白品乐、黑品乐）
平均产量：120 000 瓶
地址：Bahnhofstrasse 33, 67591 Hohen-Sülzen
电话：+49 6243 906 515

12 | 莱茵高

奥古斯特·凯瑟勒酒庄（Weingut August Kesseler）

奥古斯特·凯瑟勒酒庄在洛希镇 [宫殿山园（Schlossberg）]、阿斯曼豪森镇 [地狱山园（Höllenberg）、弗兰肯塔尔园（Frankenthal）] 和吕德斯海姆镇 [贝格宫殿山园（Berg Schlossberg）、贝格罗森艾克园（Berg Roseneck）、主教山园（Bischofsberg）] 的几处上佳位置栽培葡萄约 21 公顷。它们大多地势陡峭，朝向南或西南。55% 是雷司令，5% 是希瓦娜，40% 是黑品乐。后者令凯瑟勒声名大噪，2009 年更是凭借两款值得纪念的头等园葡萄酒，成为难以超越的经典。他说："为了让 2009 年的自然潜力发挥到最大，我们一如既往地严格挑选这些黑品乐。"

奥古斯特·凯瑟勒（August Kesseler）出生于 1958 年，从 1977 年起接管这座家族庄园。酒庄在英国、美国、日本和斯堪的纳维亚的知名度更高。因为在德国，莱茵高葡萄酒无他，唯有雷司令。不过，多亏埃伯巴赫修道院酒庄的西多会修士，黑品乐已经在此种植 1 000 年，尤其是在阿斯曼豪森镇。直到 20 世纪 40 年代末，在坡度 50% ~ 60%、土壤以千枚岩为主的地狱山葡萄园，黑森州国立大酒厂（Hessische Staatsweingüter）的阿斯曼豪森酒庄（Domäne Assmannshausen）还在酿造着世界级的黑品乐葡萄酒。如今，延续这一伟大传统的正是奥古斯特·凯瑟勒。

凯瑟勒黑品乐的口感十分深厚、成熟、强劲、味甜。质地圆润饱满，如天鹅绒般柔软，却又尽显优雅与精致。尽管浓郁又充满力量，却也承载了北方的凉爽和通透，在德国乃至整个世界都是与众不同的存在。

右图：奥古斯特·凯瑟勒向这座拥有数百年黑品乐（斯贝博贡德品种）种植历史的村庄脱帽致敬

凯瑟勒的品乐酒尽管浓郁又充满力量，却也承载了北方的凉爽和通透，在德国乃至整个世界都是与众不同的存在。

原因有很多。首先，凯瑟勒的黑品乐是斯贝博贡德（Spätburgunder）品种：与德国其他顶级酿酒商偏爱第戎的克隆品种不同，凯瑟勒在新植株的选择上更青睐盖森海姆的克隆品种。"我们想保持纯正的阿斯曼豪森风格，不想模仿勃艮第。"他表示，部分来自万斯堡、多数产自盖森海姆的德国克隆品种"一直在发展和改进，已经适应了我们的土壤和气候"。凯瑟勒也很满意德国黑品乐的薄果皮，因为他更喜欢新鲜轻盈、优雅精致的黑品乐风格。

凯瑟勒的大多数葡萄藤都很老。贝格宫殿山的黑品乐是 50 年老藤，最老的地狱山黑品乐更是拥有 90 岁的高龄。它们不嫁接、低产，葡萄的味道无可比拟。两座头等园的种植密度都很高，从 8 000 株 / 公顷（贝格宫殿山）到 10 000 株 / 公顷（地狱山）。新植株的种植密度为 9 000～10 000 株 / 公顷。为了免受干旱侵袭，凯瑟勒没有隔行种植覆盖作物。

最后重要的一点是，这几处位置都十分特别。阿斯曼豪森镇的地狱山葡萄园是一个朝西南的陡坡，排水快、储热佳的千枚岩土壤混合陶努斯山脉（Taunus Mountains）的风化石英岩。葡萄得以均匀生长至完全成熟，且因为扎根较深，从未感到任何压力。由于地狱山葡萄园比吕德斯海姆镇朝南的贝格宫殿山园略凉爽，再加上千枚岩土壤的环境，相比吕德斯海姆的浓醇火热，这里的黑品乐更显优雅与贵族气质。

贝格宫殿山的坡度高达 70%，是莱茵高产区最陡峭和最炎热的种植地。凯瑟勒是唯一一位在这座世界知名的雷司令园区种植黑品乐（斯贝博贡德）的著名酿酒人。他的葡萄酒酒体雄壮，成熟醇厚，又很复杂，有着惊人的清新和雅致。凯瑟勒指出："在莱茵高产区，尤其是阿斯曼豪森和吕德斯海姆，长成熟期和迟缓的采收为我们带来充分成熟的新鲜葡萄。"在贝格宫殿山园，无论黑品乐还是雷司令，都扎根于排水快、储热佳的千枚岩土壤，还混合砂质黄土、壤土和陶努斯石英岩。凯瑟勒说："总有一股来自西北的微风为葡萄带来一丝凉意，令它们保持健康。最后，壤土锁住水分并很好地平衡了热量。"但即便如此，为了在"地狱般的"贝格宫殿山存活，还是需要葡萄深深扎根于土壤。凯瑟勒认为，正是这些老藤为它的贝格宫殿山葡萄酒带来了"如此复杂的特质和不可思议的矿物味"。

黑品乐都是手工采摘，且很少在 10 月之前进行。凯瑟勒对于园里的葡萄挑选非常严格，只取用最好的葡萄。此外，在凯瑟勒的葡萄酒系列里，头等园酒之下还有两款黑品乐：特酿 Max（Cuvée Max），混合取用地狱山园和贝格宫殿山园的解密（declassified）葡萄，可以是极出色的葡萄酒；莱茵高黑品乐，用特酿 Max 的解密葡萄和弗兰肯塔尔园的葡萄酿制而成的非常好的三牌酒。

酿造头等园酒时，葡萄除梗，冷浸渍 2～3 天后放入敞开的立式不锈钢大桶中发酵，不添加人工酵母。发酵前，换桶 5%～7% 的葡萄汁，用于一款名为"放血（Saignée）"的半干型桃红葡萄酒。凯瑟勒说，除了减少产量和"放血"，不会做进一步的萃取。20 天以后，年轻的红葡萄酒换桶至波尔多橡木桶（三四成新）。陈酿 14～18 个月后装瓶，不澄清但做过滤。

盲品中很容易就能挑出凯瑟勒的黑品乐酒，因为相比其他的顶级德国黑品乐，它们的甜度更明显，残糖量大约在 3 克 / 升。在那样的场合，我特别不喜欢这样的葡萄酒，可当我单独品尝它们的时候，又总是被其深深地吸引。

凯瑟勒耐心解释道："我们在品乐酒里加入了一点最好的黑品乐 BA 和 TBA 酒，因为它们让前者更圆润、更易消化，确保瓶中陈年的品质更好、时间更长。"

凯瑟勒的目标是，在他顶级品质的葡萄酒里体现葡萄园的特性，还有莱茵高产区的特殊气候。因此，他密切关注葡萄园，只采摘健康和生理成熟的葡萄，且尽可能晚收。手工劳作、劳动密集的葡萄园管理，无论修枝、去芽、减收、剪串、疏果，还是严格选摘，一切都以质量为目的。可即便如此，凯瑟勒的顶级葡萄酒也不是每年都生产。

但是别忘了，凯瑟勒还酿造了美味可口的雷司令葡萄酒，从干型酒到贵腐甜酒，风格多变。尤其是产自洛希地区（阿斯曼豪森以北约 8 千米处）的雷司令葡萄酒，更是给人留下相当深刻的印象。凯瑟勒确信，在气候变化的大环境下，这座相对凉爽的村庄，凭借排水良好的纯净土壤，将会"在不久的将来成为莱茵高产区领先的葡萄种植地"。

顶级佳酿

2009 Assmannshausen Höllenberg Spätburgunder ★

颜色很深。散发黑醋栗、樱桃和黑莓的香气，十分深邃强劲，但又极其精炼、清新和出众。口感丰富、柔软甜美、清冽芬芳，带着十足的雅致与精巧，质感优雅柔滑。余味悠长。可以出色陈酿至少 20 年。遗憾的是，只有 1 379 瓶。

2009 Rüdesheim Berg Schlossberg Spätburgunder ★

颜色很深。散发勃艮第式黑品乐的芳香，带一点青柠和烟熏培根的气息，深厚而复杂。十分丰富和强劲的口感，丰厚集中，如天鹅绒般柔滑，艳丽撩人，平衡于酒体、矿物味主轴、细腻的酸度和精细的单宁。这款世界级的葡萄酒惊人的复杂和持久，浓郁不失精致，强劲不失优雅，成熟不失清新。令人难忘但非常罕见，只有 841 瓶。

Lorcher Schlossberg Riesling Spätlese Alte Reben

2009 展现成熟而复杂的雷司令芬芳，辅以辛香的板岩气息。入口雅致、风味独特，结构紧实、深厚耐嚼，余味辛辣而持久。这款优雅的晚摘酒（残糖量 12.1 克／升，总酸度 7.1 克／升）应该至少能陈酿 10 年。2011 年 9 月品尝时，2010 还很年轻，却已呈现集中而精准的状态，散发成熟柑橘和辛辣板岩的香气。入口圆润多汁，爽快而绵密，平衡于绵长的盐土味和活泼开胃的酸度。经典之作，将在出产年份后 15 年到达巅峰（残糖量 13.2 克／升，总酸度 9.1 克／升）。

2010 Rüdesheim Berg Schlossberg Riesling Auslese Goldkapsel [V]

香气纯净而浓厚，伴着葡萄干的辛香。味甜多汁，圆润、深厚、复杂，矿物味（咸味）十足，辛辣，与奔放开胃的酸度相得益彰。陈酿潜力大。

奥古斯特·凯瑟勒酒庄概况

葡萄种植面积：约 21 公顷（55% 雷司令、40% 黑品乐、5% 希瓦娜）
平均产量：110 000 瓶
地址：Lorcher Strasse 16, 65385 Assmann-shausen am Rhein
电话：+49 6722 2513

彼得·雅各布·科乌酒庄（Weingut Peter Jakob Kühn）

莱茵高有许多的城堡，却少有身披闪亮盔甲的无畏骑士。彼得·雅克布·科乌（Peter Jakob Kühn）却是其中的一位。从2002年份酒开始，科乌就跻身德国最具争议性的酿酒人之列：有人把他当作疯子，有人则尊他为神。我不会称他为神，但他在厄斯特里希（Oestrich）及周边一些无名酒园里酿造的雷司令葡萄酒，确如安妮-克劳德·勒弗莱夫的顶级蒙哈榭那般令我心神震颤。当然在某种意义上，葡萄酒之间是不可比较的：这里的莱茵高雷司令产自壤土覆盖的石英岩土壤；勃艮第式霞多丽则产自这里的石灰质土壤。不过，这两款酒都令人着迷和兴奋——复杂、纯粹、细腻、灵动，充满张力，巅峰时的状态超乎想象。

莱茵高有许多城堡，却少有身披闪亮盔甲的无畏骑士。彼得·雅克布·科乌却是其中的一位：有人把他当作疯子，有人则尊他为神。

作为一名莱茵高产区的酿酒商，科乌家族酒庄成立于1703年，现今培育葡萄约20公顷，却颇不寻常地酿造动人心魄的葡萄酒。相比之下，他的大部分同行则几十年如一日地酿造雷司令葡萄酒，以满足当地客户对柔性酒款的需求。在2010年之前，科乌用不锈钢罐发酵的果味型葡萄酒获得高分评价和众多追随者。但是，他和妻子安吉拉（Angela）并不满意自己的作品。

安吉拉坦言："我们的葡萄酒没有几个月前刚摘的葡萄的味道，但为了那个味道我们可是在葡萄园里投入了太多的时间和精力。"安吉拉如此描述这些葡萄的味道："成熟、浓烈而开胃，实在美妙。"

希望葡萄酒展现自然美的彼得继续说道："但随后，在我们颇为单一的葡萄酒里，一切尽失。因此我们决定，舍去所有用于纠正、发酵、澄清的手段，开始在无安全防护下酿造葡萄酒。"

在最初的2002年份，科乌可能太过雄心勃勃，他延长了浸渍时间，实行带皮发酵。虽然靠这些更具结构的葡萄酒吸引到一批新粉丝，却也让他现有的客户震惊不小。他还用皇冠盖装瓶。科乌的雷司令葡萄酒从德国最佳葡萄酒的名单上被除名。

但彼得阁下，勇敢的绿骑士，继续探索着他的圣杯：对风土最纯净、最自然的表达。虽然没有像约翰尼斯堡或吕德斯海姆贝格宫殿山这样的世界名园，但科乌家族在某些一级园里持有重要地块，如米特海姆圣尼古拉园（Mittelheim St. Nikolaus）、厄斯特里希多思堡（Oestrich Doosberg）和哈尔园亨德堡（Hallgarten Hendelberg）。厄斯特里希琳蘅园（Oestrich Lenchen）出产卓越特别的优质葡萄酒，从珍藏、晚摘到最高的BA和TBA级。

拥有风土是一回事，发现和阐释风土就是另外一回事了。只要天气好，科乌都会以自然绿色的方式打理葡萄园。在放弃了酒窖里所有影响葡萄酒自然美的手段之后，他也在2004年加入了生物动力栽培的行列，并于2009年获得Demeter认证。

彼得相信，葡萄酒的深度、复杂、和谐和平静得益于葡萄园里的平衡和多样。因此，他重点关注葡萄园的生态和土壤的活力。为丰富生物多样性，他在每一行葡萄中间种植多达30种的草本植物，在葡萄周围种

右图：彼得·雅克布·科乌和妻子安吉拉不惧非议、敢于不同的勇气获得广泛赞誉

上图： 酒庄标志上的装饰是葡萄藤和科乌的圣杯：对风土最纯净、最自然的表达

植60株水果和坚果树。他还超越标准，实行8 500 ～ 10 000株／公顷的高密度种植，培形近地面的脱叶葡萄区，保持叶壁高而透气。在多思堡和圣尼古拉园，新梢顶端不会被剪

掉，而是卷绕成圈，科乌解释说："如此，这里的一切，葡萄藤和葡萄果实就能达到预期的生长目标。"

经过了数年的试验和经验积累，科乌坦言，他对现在的结果相当满意。葡萄的成熟稳定而略有提前，更健康，含糖量出色，但不像10年前那样高。他再次轻松而成功地卖出了自己的葡萄酒，甚至还有同行跑来取经。他说："我们已经走过了一段很长的路，但还没有到达目的地。"

葡萄采摘全靠手工挑选完成。不除梗，浸皮8 ～ 24小时，具体视年份而定。经过压榨和沉淀，轻度硫化的葡萄汁在不锈钢罐、玻璃钢桶或用于头等园酒的600 ～ 2 400升卧式大木桶里自然发酵。为了保持稳定，所有木桶发酵的雷司令酒都要经过苹果酸-乳酸发酵。这一步尤为必要，因为这些头等园酒既不澄清也不过滤。2005年和2009年，科乌还酿造了一款双耳罐雷司令（Amphore Riesling）：在两个300升西班牙雕纹双耳罐里带皮发酵8 ～ 9个月，且罐中陈酿了近2年。

科乌得到了家庭成员的鼎力相助。酒窖里有受过勃艮第训练的儿子彼得·伯恩哈德（Peter Bernhard），日常管理就靠妻子安吉拉、女儿桑德拉（Sandra）和凯瑟琳（Kathrin）。尽管他也打造了非常好的德国黑品乐和德国起泡酒，但给人留下印象最深刻的还是他的雷司令系列葡萄酒。即使是入门级的葡萄酒——圈钱无数的雅各布雷司令干型酒（Jacobus Riesling trocken），也是相当复杂的。所有的葡萄酒都用螺旋盖封瓶。

酒庄设有自己的分级体系：在酒标上，一颗葡萄代表很"简单"的酒款，比如前面的雅各布酒；两颗葡萄代表出色的中档酒款（包括盐味重的石英岩酒，取材自多思堡的年

轻葡萄藤；强劲、矿物味丰富的兰多弗莱赫特，取材自多思堡一处特别地块的 40 年老藤，土质是很深厚的黏质土壤）；三颗葡萄则代表头等园酒。后者有时会通不过莱茵高葡萄酒协会（Rheingauer Weinbauverband）官方举办的一级园干酒品鉴会，因为被诟病"太深"或"太怪异"。但是，可不要等到官方认可后再行动，你应该像科乌他们那样，把信任交给这些葡萄。

顶级佳酿

Oestrich Doosberg Riesling trocken

多思堡（Doosberg）总占地约 101 公顷，但科乌酒庄持有的顶级区块仅 1 公顷，朝南和西南，海拔约 150 米。年老的葡萄藤（平均年龄 45 岁）生长在黄土 - 壤土土壤里，几乎没什么黏土，但底土有很多石英岩层，赋予这款酒极为纯净辛咸的特质。相比醇厚柔滑的 St. Nikolaus，多思堡则显得相当贵气：香气清凉、明确而出众，散发白色而非黄色水果的果香和淡淡的花草香。口感直接又鲜明雅致，有惊人的矿物味、活泼的酸度和紧致的结构打底。依然是白色而非黄色水果的风味，融于收结处的花草香中。以上都是 2010 年 11 月科乌请我品尝的 8 款不同年份酒的共同特点。最佳年份：2004 ★（煮制水果的风味，略带焦糖味）、2005 ★（水果干的风味，非常辛辣）、2006（芳香浓郁而集中）、2008 ★（非常坚实和复杂，有很好的陈年潜力）和 2009 ★（丰富，颇为甘美）。

St. Nikolaus Riesling trocken

在这片相当平坦的约 38.3 公顷的种植区内，科乌租借了其中约 3 公顷的土地，但只有靠近莱茵河约 1 公顷的土地用于打造"三颗葡萄的酒"和 Schlehdorn 酒。为这款佳酿酒提供原料的都是 60 年老藤，生长于深厚冲积土和石灰质黄土土壤。葡萄容易成熟，尤其因为这段莱茵河的宽度有 1 千米，所以即使夜间也能保持相当高的温度。但是，科乌并不想酿造厚重丰腴的葡萄酒。他希望 St. Nikolaus 更明亮雅致，还有芳醇，因此挑选 90 ~ 92° 含糖量适中的葡萄。不过，除了活跃细腻的特质，这款酒也是丰富而复杂的。至今为止的最佳年份：2006 ★（成熟度好、饱满集中，非常坚实和出众）、2007 ★（非常深厚甘美，但紧致，咸味突出，雅致）、2008 ★（香气惊人的清澈，纯净而出众，口感十分精妙平衡，有绵长的盐土味）和 2009 ★（芳香馥郁、丰腴浓厚，撩人之姿辅以活力和悠长回味）。

Riesling trocken Schlehdorn

这款价格昂贵、极为动人的木桶发酵型葡萄酒，取材自 St. Nikolaus 区块上 80 年的老藤。总是散发精致明确的香气，展现深厚、辛辣的水果浓香。口感上，这款稳健如雷司令 - 蒙哈榭（Riesling-Montrachet）的葡萄酒呈现超群的品质，饱满而集中，馥郁却不失清晰，完美平衡，优雅十足。酒液平和。2011 年 9 月，科乌请我品尝了所有的年份酒。2006 浓厚多汁、甚至柔软，流露稍许贵腐味。2007 无论在香气还是口感上，都极其丰富而强劲，展现近似热带水果的风味。非常浓郁多汁且震撼人心，已经相当成熟。2008 ★深厚、成熟却也清冽、精细，香气和口感均显辛辣。十分复杂，余味持久，却不失精致与优雅。2009 ★酒体饱满，成熟而集中，比 2007 多了几分优雅和柔滑，呈现更好的平衡。入口宏伟流畅，余味强劲而意味深长。2010 ★如水晶般清澈，雷司令葡萄酒中的迷人之作。十分纯净明确，充满张力，精巧细腻，有刺激的盐土味。牢固而统一，以一种令人极度兴奋的方式将深度、力量、优雅完美结合。

彼得·雅各布·科乌酒庄概况
葡萄种植面积：约 20 公顷
平均产量：120 000 瓶
地址：Mühlstrasse 70，65375 Oestrich
电话：+49 6723 2299

孔斯特酒庄（Weingut Künstler）

孔斯特酒庄的发源地是捷克共和国的南摩拉维亚。1648 年，它成立于维也纳以北约 80 千米处的翁特坦诺维兹村庄（Untertannowitz）。1965 年，由弗里茨·孔斯特（Franz Künstler）在美茵河畔霍赫海姆（Hochheim am Main）重建。因为"二战"后不久，这个德语家族遭到驱逐，被迫离开他们从 12 世纪起就当作故乡的地方。1992 年，弗里茨的儿子肯特（Gunter）接管了酒庄，从此成为德国最具盛名的雷司令酿酒商之一。

肯特和妻子莫妮卡（Monika）在霍赫海姆及周边最好的位置种植了约 37 公顷的葡萄藤。在葡萄园里，近 80% 用于雷司令，超过 12% 种植黑品乐。约 76% 被列为一级园干酒产地，因此孔斯特酒庄至少可以生产 8 种头等园酒。但实际上，他们每年只推出 4 款：科斯特海姆外斯赫园雷司令（Kostheim Weiss Erd Riesling）、霍赫海姆科辛斯图克园雷司令（Hochheim Kirchenstück Riesling）、霍赫海姆赫勒园雷司令（Hochheim Höle Riesling）和霍赫海姆瑞赫斯塔园黑品乐（Hochheim Reichestal Späburgunder）。肯特解释说："我们的目标是世界一流的品质，因此只有最好的一级园葡萄酒才会被装瓶。"在出色年份，如 2008 年或 2007 年，他也会灌装一些特别取材自科辛斯图克园和赫勒园最古老地块（后者最老的葡萄有 50 岁）的雷司令葡萄酒，用金帽封瓶。

在孔斯特酒庄，半数以上的葡萄藤超过 20 年，14.6% 超过 30 年，16.8% 超过 40 年。孔斯特指出："如果扎根不够深，根本无法传

右图：肯特·孔斯特，他的严苛标准令酒庄一级园干酒的产出量仅为他实际所能生产的一半

肯特·孔斯特是德国最负盛名的雷司令酿酒人之一。他的纯净、深厚，极具风土特色的雷司令葡萄酒可以完好陈酿长达 20 年。

上图：酒窖里的铁艺装饰也许精巧繁复，但孔斯特的酿酒原理却是一切从简

达风土的味道。"于是，他在 1998 ~ 2001 年重新种植了外斯赫园的雷司令，一直等到 2009 年才让葡萄酒以一级园干酒的身份面向市场。孔斯特强调说："如果你在春天和夏天做足了工作，那么在葡萄压榨之后，除了密切注视葡萄酒的诞生，也就再无事可做。"在每个年份，他都以充分成熟的健康葡萄为目标，在葡萄园里投入大量的精力、金钱和时间。葡萄藤行与行之间十分开阔，不仅因为 20 世纪五六十年代曾有大量葡萄种植，也是因为不这么做的后果是空气流程受阻。因为这里深厚的黄土 - 壤土和泥灰岩土壤能很好地储存水分，所以在潮湿的年份里，每一行都会覆盖作物。开花后不久，葡萄就会被部分摘叶，到了 8 月完全去除，黑品乐的果串则在此时减半。肯特解释道："雷司令和黑品乐一样，果皮很薄。可关于雷司令的一切都在这薄薄的表皮里，因此我不希望它们受到

葡萄孢菌的影响。"

但是，随着 8 月大雨，气温仍然居高不下，葡萄孢菌很难再被轻易地预防。问题是，应该如何摆脱它。最近，在整个德国，严格的挑选变得越来越重要。

据肯特介绍，相比 10 年或 20 年前，如今的收获期提前了不少。"在 20 世纪 90 年代，我们为自己优质的种植区骄傲。如果减少产量，葡萄仍不会在 10 月中旬之前成熟，此时气温还很凉爽。如今，葡萄能提早成熟 3 ~ 4 周，此时还很温暖，也可以很潮湿。这些环境条件增加了葡萄腐烂的风险，也令采收成本大增，毕竟我们是要付钱请工人们扔掉那些葡萄。"

当然，肯特需要抑制葡萄的成熟来让悬挂时间延长至 10 月。至少在凉爽多雨的年份，比如 2008 年和 2010 年，金秋时节帮助那些晚采摘的酿酒商，将原本问题的年份转变成了伟大的经典。他补充说："但我们为此承担了比前几年更高的风险。"

酒庄拥有一个功能齐全的酒窖，现代和传统技术齐头并进。将用于干酒的雷司令葡萄除梗（用于贵腐甜酒和起泡酒的葡萄则整串压榨），再进行压榨。沉淀之后（如有必要，还会进行离心过滤和葡萄汁纠正），鲜亮的葡萄汁置于不锈钢罐或传统卧式木桶中发酵。孔斯特既不喜欢暗沉葡萄汁，也不喜欢天然酵母，因为他认为两者都会遮盖最纯净的风土表达。他喜欢缓慢但持续的发酵过程，添加精选的埃佩尔奈（Epernay）酵母，温度设定在 17 ~ 20℃。葡萄酒在精制酒糟上陈酿，直至装瓶。加入搅桶的操作，让高酸度的葡萄酒趋于饱满。

孔斯特以其纯净、深厚，极具风土特色，可完好陈酿长达 20 年的雷司令著称。

而他同时也是一位顶级的正经黑品乐酿酒人。瑞赫斯塔黑品乐一级园干酒（Reichestal Späburgunder Erstes Gewähs）是一款酒体醇厚、成熟、浓烈，但又极具优雅与细腻的品乐酒，产自砂质的黄土-壤土层，底下是石灰质泥灰岩；它能瓶中陈酿至少 10 年，且有所精进。

顶级佳酿

2011 年 9 月，肯特·孔斯特为我安排了两场 2005 ~ 2010 年份的垂直品鉴：一场关于 Kirchenstück（科辛斯图克），另一场关于 Höle（赫勒），两者皆是长期占据莱茵高最佳的雷司令一级园干酒。孔斯特说："两座葡萄园最大的区别在于海拔相差约 48.7 米。"以下是我在品鉴会上最喜爱的葡萄酒。

Hochheim Kirchenstück Riesling Erstes Gewähs 2010

这支年份酒已然成为真正的经典之作。香气辛辣而高贵，散发成熟而集中的雷司令芬芳。口感如丝般柔滑、多汁而浓烈，却又不失优雅，非常清晰，味咸，余味悠长，是一支可轻易陈酿至少 20 年的杰作。2009 的香气更趋丰腴、广阔和浓郁，口感亦如此，但也有辛咸开胃的口感和优秀的结构。2008 十分清澈而浓厚，香气持重，有少量熟成的气息。口感雅致，达到完美的平衡，开胃、甘美，在口中萦绕。2007 ★（金帽）鼻尖满是成熟、芳醇的香气，伴着接近烹煮过的极为浓烈的桃杏芬芳。也有那份纯净、冷冽、辛辣的厚度，带着甜甜的墨角兰气息。口感方面，这款伟大的葡萄酒似乎精致多于厚重，但依然美妙多汁、浓厚、辛辣而优雅，在精练的酸度和持久的矿物味支持下达到完美的平衡。魅力十足。

Hochheim Hölle Riesling Erstes Gewächs 2010 ★ [V]

香气非常深厚突出，散发成熟水果的香味。口

感丰富、圆润纯净，强劲的大酒，结合深度与精度、力量与矿物味、重酒体与优雅特质、鲜美与活力。这是一个丰碑式的不朽杰作，本来也大可用金帽封瓶面市。2009 纯净明确，呈现成熟水果的芬芳。口感撩人、辛咸、雅致。结构坚实却也灵动，十分平衡。2008 ★香气甚是细腻却也强烈，辛辣水果的芬芳预示着另一个经典，一如既往的强劲多汁、优雅持久，出众，达到完美的平衡。2008 ★（金帽）完全封闭却极具前途。它比一般的 Hölle 酒更轻盈，但非常细腻，展现惊人的活力和复杂层次。酒体、果味、酸度和矿物之间达到完美的平衡。2007（金帽）香气成熟、浓郁而复杂。尽管这一年的自然条件相当丰厚，但它的口感既不肥硕也不宽阔，而是尽显饱满、圆润、丰富、辛辣、复杂和优雅。

Hochheimer Reichestal Riesling Auslese trocken 1992 ★

这是雄心勃勃的肯特·孔斯特在年轻时精心酿造的几款酒之一，堪称不老的杰作，集合了一个成熟的莱茵高雷司令所有的优点。酒精度仅 12%，直到今天，所有东西都没有流失。香气成熟，又辛辣集中。这支近 20 年的精选级干葡萄酒，强劲、平滑、雅致、持久，兼具惊人的纯净和轻盈，极其开胃诱人。

孔斯特酒庄概况
葡萄种植面积：约 36 公顷（79.2% 雷司令，12.4% 黑品乐）
平均产量：200 000 瓶
地址：Geheimrat-Humme-Platz 1a, 65239 Hocheim am Main
电话：+49 614 683 860

约瑟夫·雷兹酒庄（Weingut Josef Leitz）

这是一个关于莱茵高产区 25 年来最有意思的酿酒商之一——翰尼斯·约瑟夫·雷兹（Johannes Josef Leitz）的故事。铁钳式的握手之后，他让我亲切地叫他约西（Josi），我也会在这里继续这么称呼他。1985 年见证了约西的首个年份酒，那时他才 21 岁。因为父亲早逝，母亲从 1965 年开始独自照看葡萄园 20 年，起初让小约西坐在膝上，后来是让他骑在背上。约西说："葡萄园曾是供我玩乐的沙地。"在他开始意识到自己的梦想是打造最好的风土雷司令时，家族酒庄拥有的葡萄园还不到约 3 公顷，酒窖里还都是 20 世纪 50 年代的设备。这是约西的祖父约瑟夫·雷兹（Josef Leitz）在 20 世纪 50 年代改建的，"二战"时几乎毁于一旦。此后，就再无改变，直到 1985 年。

十多年来，雷兹在海外名声斐然，是公认的巨星。但在德国，人们却是从最近才开始发现其葡萄酒的品质。

当时，约西没有投资建造一个更现代的酒窖，而是把所有可支配的家族资金都投入到建造更多、更好的葡萄园上。如今的他比以往更加坚信，为葡萄酒带来伟大品质的是葡萄园的独特渊源，不是酿酒的过程。这些年来，特别是从 1989 年接手家族酒庄开始，他在吕德斯海姆最好的位置上先后顺利购入或租用地块。因为这些葡萄园地势很高，又处在最陡峭的位置，如贝格宫殿山、贝格帝国岩（Berg Kaisersteinfels）或贝格罗森艾克，那时得到它们比现在容易得多。为什么这么说呢？因为在坡度高达 59% 的地方栽培葡萄就意味着不能机器作业，只能完全依靠人力——健康、肌肉、耐心、热情和视野。简单来说，就是每年需要 24 730 工时。

如今，约西·雷兹拥有葡萄约 39.4 公顷，大多数位于吕德斯海姆（约 29.36 公顷）和盖森海姆（约 4.68 公顷），还有不少生长在一级园干酒产地且都是雷司令。约西修复了废弃的葡萄园，重建了破败的筑墙和梯田，还把 10 年前几乎只是一片灌木丛林地的贝格帝国岩改造成莱茵高产区最受关注的种植地之一。十年来，雷兹在挪威和瑞典名声斐然，是公认的巨星；在美国更是久负盛名（大多以半干型葡萄酒著称）。英国和日本也是他的重要市场，约有 90% 的产量出口到这里。但是在德国，人们却是从最近才发现雷兹葡萄酒的品质。

雷兹那些令人兴奋的晚收且极成熟的葡萄酒（葡萄大多生长于板岩和石英岩土壤，主要是干型酒），饱满、深厚，却始终纯净，结构坚实，甚至可以说是紧涩。即使在年轻期（但必须醒酒）就给人留下深刻印象，也还是会随着时间的推移越发出色。早收且易饮（又纯粹直接）的出口明星爱因斯扎维雷司令干酒（Eins Zwei Dry Riesling）主要取材自盖森海姆的一级园干酒产地罗腾堡园，而酒庄最有趣的葡萄酒则主要产自吕德斯海姆山（Rüdesheimer Berg）。约西的木桶发酵型混酿魔幻山葡萄酒（Magic Mountain），使用吕德斯海姆佳酿园的预选葡萄和解密罐，是一款细腻又颇为复杂的葡萄酒，带我们走进这座陡峭山园的魔幻世界，后者已享誉全球数百年。

吕德斯海姆山从南朝向平稳过渡到西朝向，坡度达 59%，海拔为 105 ～ 275 米。葡

右图：精力充沛的翰尼斯·约瑟夫·雷兹，自 1985 年接管家族酒庄以来，不断推动它的发展，使其成功跻身顶级酒庄的行列

上图：立式大木桶，雷兹用它来发酵顶级佳酿，包括来自贝格宫殿山和贝格帝国岩的葡萄酒

萄藤生长在排水迅速的多石土壤中，需扎根很深以汲取水分，经受住夏季的炎热。约西坚信："葡萄藤必须经历磨难，否则葡萄就不会呈现我们努力追求的强劲风味。"

　　葡萄园里最老的葡萄藤有 80 岁高龄，约西最好的葡萄酒都来自 50 岁左右的葡萄藤，所有葡萄藤的年龄为 35～40 岁。新近种植的密度为 8 000～9 000 株 / 公顷。从 1996 年到现在，葡萄园仅施肥 2 次。约西相信，自己应该是莱茵高地区第一批在葡萄藤之间覆盖作物的酿酒人。这一步很重要，它能抑制植物的生长活力，让葡萄藤扎根更深。约西介绍说："之后我们改用短枝修剪的高登式培形法，收获的葡萄比以往更浓烈集中。"

　　最后重要的一点是产量极低。经疏果后，

一个新枝只保留一个果串，树冠壁却相当高，晚收葡萄的糖量也是。他们小颗而松散的葡萄，颜色更趋向金黄，其中一些在采摘时呈现古铜色。在莱茵高产区，还没有哪位顶级酿酒人会像雷兹那样晚地采收葡萄。不过，葡萄孢菌在"魔幻山"既不常见，也不被允许。

　　过熟的葡萄整串压榨，充分成熟且健康的葡萄则在破碎后浸皮长达 36 小时。静置沉淀后，酒体轻盈、果香浓郁的葡萄酒与人工酵母一起在不锈钢罐中发酵，用螺旋盖封瓶。浓醇而强劲的雷司令则在卧式大木桶里自然发酵，用软木塞封瓶。所有葡萄酒按还原风格酿造，并保留酒糟直到装瓶。但是，一些口感更宽阔、更浓郁的葡萄酒会做微充氧处理。残留糖分受到欢迎。

约西并不接受一级园干酒产地这个级别，因此他的葡萄酒不以一级园干酒的身份装瓶。在 2010 年以前，他的吕德斯海姆佳酿园顶级葡萄酒系列都是以老藤酒（Alte Reben）的身份装瓶。但是，由于这个术语如今被太过广泛地使用，甚至用于年仅 15 岁的葡萄藤，约西还为贝格帝国岩、贝格罗特兰和贝格宫殿山的葡萄酒创作了新名字——特拉森（Terrassen）、亨特豪斯（Hinterhaus）和茵伦芬瑟（Ehrenfels）。这些葡萄酒在 2010 年小批量生产，但都是让人大呼过瘾的老藤特别精选酒。从 2011 年开始，新的名字将取代 Alte Reben。

顶级佳酿

Berg Roseneck Riesling trocken Alte Reben

生长于混合黄土 - 壤土的板岩和石英岩岩屑土壤。这款雷司令相对优雅而纤细，展现灿烂的水果和燧石的香气。入口有明显的矿物味，由清爽的酸度驱动，饮用寿命长。2009 圆润而浓醇多汁，2010 则十分清澈、集中而辛辣，带着一股熟透了的雷司令葡萄特有的美好香气。

Berg Rottland Riesling trocken Alte Reben/ Hinterhaus

朝南的罗特兰园（Rottland）开始紧随历史小镇吕德斯海姆的步伐。葡萄藤生长于深层的黄土 - 壤土土壤，后者含大量风化的灰色板岩。这款葡萄酒非常浓醇、强劲，呈现近似热带水果的风味。但其复杂性、持久度和盐度也同样令人兴奋。2010 Hinterhaus ★（甚是独特，精选最完美的葡萄果实）极其浓醇，但精炼的酸度和绵长的咸度也令其更显优雅和美妙的平衡。

Berg Schlossberg Riesling trocken Alte Reben

吕德斯海姆之王！生长于铁含量高的纯质石英岩和灰色板岩土壤。莱茵高产区最高雅、最复杂

的雷司令之一。雷兹的地块靠近废弃的茵伦芬瑟（Ehrenfels）城堡，朝西，坡度达 58%。2009 ★ 圆润而辛辣，带着柠檬和盐的芳香。口感复杂、丰富圆润，强劲持久的同时又很雅致细腻。2010 惊人的清冽、纯净、辛香，口感却如天鹅绒般柔软，极度复杂而优雅。辛咸余味的咸度久久不能散去。2010 Ehrenfels ★太稀有，太美好，配得上众多辞藻来赞美。它的清冽、复杂、高雅，绝妙的集中，多汁而悠长，造就了它的与众不同。这或许是我此生遇到的最美的 Berg Schlossberg 葡萄酒。

Berg Kaisersteinfels Riesling Alte Reben/ Terrassen

在靠近森林的这片经过修复的约 1.5 公顷的老梯田区（Terrassenlage），古老的葡萄藤（70 岁）生长于非常多石的红板岩和石英岩土壤。雷兹知道，来自石英岩土壤的雷司令会有不错的残留糖分，因此这款典雅精致的葡萄酒从 2004 年起就一直是半干型酒（残糖量约 10 克 / 升）。产量天然低，比 Berg Roseneck 至少晚 1 周收获。这款让人爱憎分明的雷司令酒非常富有表现力且极具风土特色。2004 ★ 酒精度仅 11.5%，但直至今日仍不失风味。果香灿烂，有矿物风味和辛辣感，不过已有些许熟成的暗示。从口感上来说，这是一款味干、轻盈而雅致的雷司令酒，辛辣、汁液丰富、非常优雅，散发杏果干的香气。2010 Terrassen ★ 香气浓郁、复杂、精致而富有矿物风味。口感十分纯净而杰出，质地美妙，气质高雅，余味带着完美的酸度和绵长的盐土味。这或许是历史上最好的 Kaisersteinfels 葡萄酒。

约瑟夫·雷兹酒庄概况
葡萄种植面积：约 39.4 公顷（100% 雷司令葡萄）
平均产量：400 000 瓶
地址：Theodor-Heuss-Strasse 5, 65385 Rüdesheim am Rhein
电话：+49 6722 48711

罗伯特威尔酒庄（Weingut Robert Weil）

多来年，罗伯特威尔一直是德国葡萄酒界偶像级的酒庄。1875 年由巴黎索邦大学前教授罗伯特·威尔博士（Dr. Robert Weil）创立，如今这个在肯得里希镇（Kiedrich）占地约 80 公顷的酒庄，正由威尔家族第 4 代成员威尔海姆（Wilhelm）管理。这座美丽的庄园虽然从 1988 年起成为三得利集团（Suntory）旗下的产业，但还是由威尔海姆·威尔负责打理。无论品质、规模还是声誉，他都将酒庄重新打造成了一个行业领先的德国葡萄酒庄园。

罗伯特威尔酒庄只出产最优质的雷司令酒。和 100 多年前一样，这些葡萄酒在产地和风格上都甚是出色，共分为 4 个不同类别。最基本的莱茵高雷司令干型酒（Rheingau Riesling trocken）产自肯得里希的桑格鲁园（Sandgrub）和瓦索园（Wasseros）。肯得里希雷司令干型酒（Kiedricher Riesling trocken）产自更年轻的塔山园（Turmberg）、修道院山园（Klosterberg）和伯爵山园（Gräfenberg）。修道院山和塔山是两座一级园，而在 1867 年已获评一类葡萄园（Weinlage 1 Klasse）的伯爵山则是一座头等园。所有佳酿酒都取材自 15 ~ 60 年的葡萄藤。目前为止，只有伯爵山园被列为一级园干酒产地（或未来的VDP 头等园）。

特别优质酒都是在佳酿园里经手工制作而成。从 1989 年开始，伯爵山园每年生产的特别优质酒都会囊括所有晚摘、精选、逐粒贵腐精选、逐粒干葡贵腐精选和冰酒。这些格外集中和甜美的葡萄酒用金帽封瓶，出现在埃伯巴赫修道院酒庄每年举办的葡萄酒拍

右图：在威尔海姆·威尔的领导下，酒庄重新在质量、规模和声誉方面成为行业领先的德国葡萄酒庄园

多来年，罗伯特威尔一直是德国葡萄酒界偶像级的酒庄。这里只出产最优质的雷司令酒。和 100 多年前一样，这些葡萄酒在产地和风格上都甚是出色。

卖会上。威尔的雷司令葡萄酒能在那里拍出天价。

塔山葡萄园（约 3.8 公顷的独占园）、修道院山葡萄园（约 4 公顷）和伯爵山葡萄园（约 10 公顷，近乎独占）比邻而居，相互间隔 500 米以内，从莱茵河谷较高、较凉爽的一侧望下去，整片庄园尽收眼底。伯爵山平均海拔约 180 米，塔山平均海拔约 200 米，修道院山平均海拔约 260 米。这些朝南或西南的斜坡，并不是你们会想象出来的高山的样子，尽管坡度已达 60%。它们能享受到强烈的阳光照射，还有从陶努斯山吹向莱茵河的凉爽夜风。

威尔坚信这一点，并说道："我们都是气候变化的受益者，从前，每 10 年里只有 2 个年份可以让我的祖父用充分成熟的葡萄酿造最优质的雷司令；而今天，葡萄每年的生理成熟就是大自然的馈赠。"

为了酿造最高规格的特别优质酒，最有经验的采摘工要在同一个葡萄园内来回 15 ~ 17 次，对葡萄进行逐粒挑选。

长时间的悬挂对生产最好的雷司令葡萄酒至关重要。威尔很少会在 9 月底前开始，也不会在 11 月前结束葡萄采摘。只有 2003 年和 2011 年，在 10 月初就基本结束。

排水速度快、以千枚岩为主的多岩石土壤限制了葡萄藤的生长，令它们结出松散的小粒果串。种植密度高达 6 000 株 / 公顷，严格剪枝、覆盖作物、树冠管理、果串减半和疏果等都是为实现长时间悬挂、令葡萄健康和充分成熟的技术手段。在威尔的顶级葡萄园里，最高产量为 5 000 升 / 公顷。葡萄收获都由手工完成，且经过严格挑选。为了酿造最高规格的特别优质酒，最有经验的采摘工要在同一个葡萄园内来回 15 ~ 17 次，对葡萄进行逐粒挑选。

经过短暂的浸渍或整束压榨，较早瓶装的庄园酒、肯得里希酒和特别优质酒，与人工酵母一起在低温的不锈钢管罐内发酵。晚收的佳酿酒则在葡萄浸渍几个小时后在高温的 1 200 升 Stückfass 桶里自然发酵。多达 20% 的葡萄汁带皮发酵，之后再混合。葡萄酒与搅桶后的酒糟一起停留较长一段时间，然后在 7 月或 8 月装瓶。

威尔强调说："不锈钢还是木头？这个问题关乎的不是质量等级，而是风格区别。如果酿造优雅细腻的果味型雷司令，那么不锈钢再适合不过，相反，充分成熟的老藤葡萄应该更多地展露风土特色，而不是基础的果味，它们赋予醇厚型葡萄酒力量和深度。这类葡萄酒就需要卧式大木桶来强调它的复杂性、增加它的饮用寿命。"

伯爵山极为陡峭，朝向西南，属于千枚岩和黄土 - 壤土土壤。它的雷司令在山园三部曲中最为浓醇复杂。它成名于 12 世纪；19 世纪晚期出品的威尔伯爵山精选酒系列（Weil Gräfenberg Auslesen）曾跻身世界最贵葡萄酒的行列。

2011 年 9 月，威尔酒庄先后举办了两场垂直品鉴会，一场关于一级园干酒，另一场关于伯爵山晚摘酒。威尔说："一级园干酒和晚摘酒真是旗鼓相当，两种酒的数量都很多（一级园干酒 3 000 ~ 40 000 瓶；晚摘酒 8 000 瓶），你可以随意享用。"但是，更高头衔的特别优质酒是冥想型葡萄酒，数量少，你只能以非常慢的速度细细品它。当然，威尔的伯爵山精选酒、BA 酒、TBA 酒和冰酒都具有世界级的品质：浓郁、复杂，又很细致，完美平衡，并且十分优雅。不过，我倒是没有喝过很多，原因有两个：高昂的价格；极高的浓度和甜度。我不是那种会为儿孙贮藏葡萄酒的人，那不是我的风格。

顶级佳酿

Kiedrich Gräfenberg Riesling Erstes Gewächs

这款头等园酒多年来保持的一致性令人印象深刻。作为莱茵高产区最好的雷司令之一，它总是年复一年地展现成熟、强劲而复杂的风味，又兼具清爽、优雅而精致，结构上有明显的酸度和绵长的盐土味。2001 香气成熟，质地绵软，收尾略显干涩。2002 ★深厚、纯净、爽快而活泼，余味很咸，持久绵长：出色且依旧年轻。2003 十分浓醇而强劲，却也结构坚实，味咸、活泼，富有矿物风味。由于夏季的干燥，它的收尾稍显干涩。2004 ★香气细腻，带着花草和片岩的芬芳，口感却是圆润而辛辣的，结构十分坚实，比往年更加动人。依旧十分年轻。2005 已经相当成熟，口感很浓醇、质地绵软，但还有活泼而辛辣的魄力。请搭配食物慢慢品尝！2006 相比平时少了些浓醇、强劲和辛辣。带着成熟而浓厚的水果芳香，口感绵软而优雅，正适合现在饮用。2007 品鉴表现不佳。气味封闭，有坚果的口感，余味略显干涩和苦味。2008 ★是经典之作：冷冽、清澈、坚决。果味细腻但集中，千枚岩土壤主导了这款酒的香气和口感。它纯净辛香，精妙多变，矿物风味突出，优雅十足。但是，不应该在 2015 年之前饮用。2009 重回馥郁丰满的状态，十分浓醇、圆润、多汁，依然以一级香气为主导。2010 十分纯净、充满活力，矿物味突出，如果给予足够的时间，应该能发展成另一款经典。

Kiedricher Gräfenberg Riesling Spätlese

这款晚摘酒选用一些完全成熟和稍微过熟但仍健康的葡萄酿造而成。其关注点在于果实本身，而非风土，但其实到最后，伯爵山（Gräfenberg）的个性依然表露无遗，尤其是如果你能幸运地同时拿它和塔山（Turmberg）或修道院山（Klosterberg）

晚摘酒相比较。无论从数据分析，还是审美感知，它的风格都十分接近精选酒的特点，因为它相当集中、浓郁而味甜。但是，威尔确定的晚摘风格是不能过甜，在果味、酸度、残糖和矿物风味之间迎来微妙的平衡，这样就可以很容易地独自享用完一整瓶酒。2001 甘美，口感相当甜，收尾处留有微妙的盐土味。2002 散发清冽、烟熏般的香气，还有一丝大麻味。口感非常纯净、辛辣，依旧活泼，令人兴奋。2003 口感艳丽而精致，将其盎然的口腹之欲与伯爵山的贵族气质融为一体。2004 ★呈现热带水果的风味，多汁集中的质地使其口感愉悦。明显的酸度和辛咸的矿物味让其结构紧实。2005 艳丽丰腴，是人人都爱的宠儿。2006 相当柔顺甜美，但缺少一些变化。2007 展现成熟而辛辣的果香，口感相当甜美，却不失优雅和细腻，收结处带着怡人的绵长咸味。2008 ★是一位贵族：清冽而纯净，带着板岩和健康葡萄干的纯真香气。入口多汁，与之形成对比的是刺激的酸度和绵长的矿物风味，是完美的晚摘酒。热情的 2009 ★极其浓醇，却也不失优雅、细腻，有良好的结构。它典雅、馥郁，可轻松陈酿 20 ~ 30 年。2010 香气十分纯净、辛辣，入口则精准、纤细，风味独特。

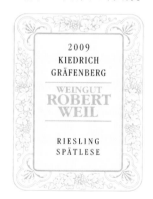

罗伯特威尔酒庄概况

葡萄种植面积：约 80 公顷（100% 雷司令）
平均产量：600 000 瓶
地址：Mühlberg 5, 65339 Kiedrich
电话：+49 6123 2308

乔治布罗伊尔酒庄（Weingut Georg Breuer）

这座位于吕德斯海姆的庄园从 20 世纪 90 年代开始享有声誉，一切都归功于伯恩哈德·布罗伊尔（Bernhard Breuer）和他的那些产自吕德斯海姆贝格宫殿山葡萄园和劳恩塔尔修女山葡萄园（Rauenthal Nonnenberg）的雷司令葡萄酒。布罗伊尔于 2004 年 5 月突然离世，留下当时正要高中毕业的女儿——1984 年出生的特里萨（Theresa）。2004 ~ 2007 年，她就读盖森海姆大学，同时与叔叔海因里希·布罗伊尔（Heinrich Breuer）一起打理酒庄。2001 年起，她开始在父亲生前的得力助手赫尔曼·赛义夫（Hermann Schmoranz）的辅助下独立运营酒庄。2004 年，年轻的瑞典人马库斯·卢登（Markus Lundén）也作为酒窖主管加入了他们。

特里萨在在吕德斯海姆和劳恩塔尔共拥有 166 个不同地块，种植葡萄总计约 33 公顷，包括雷司令（80%）、黑品乐（12%）、灰品乐和白品乐（7%），以及年代久远的特色品种白高维斯（Weisser Heunisch）和黄奥尔良（Gelber Orleans）（1%）。最好的葡萄园分别是吕德斯海姆贝格宫殿山、贝格罗森艾克、贝格罗特兰和独占园劳恩塔尔修女山。它们地势陡峭，坐北朝南，拥有纯质的板岩和石英岩土壤，除了修女山外，都被列为一级名庄。但是，和她父亲生前颇具争议的做法一样，特里萨也拒绝给他们的葡萄酒贴上一级园干酒的标签。

以 4 款佳酿酒为首的结构分明的葡萄酒系列依然保持不变：吕德斯海姆佳酿的副牌酒特拉蒙托萨（Terra Montosa）；村庄级葡萄酒吕德斯海姆庄园（Rüdesheim Estate）和劳恩塔尔庄园（Rauenthal Estate）；莱茵高雷司令干型酒苏维翁（Sauvage）和莱茵高雷司令半干型酒查魅（Charme）。此外，还有一款相当出色的木桶发酵型灰品乐、一款活力四射的黑品乐和一款用灰品乐、白品乐和黑品乐（配入雷司令）混酿而成的复杂年份起泡酒。特里萨还预备了上好的精选酒；事实上，用金帽封瓶的它们就是被降级的 BA 酒。BA（2008）和 TBA（2005、2007、2009）葡萄酒只会在合适的年份酿造。

在葡萄园里，特里萨避开除草剂，用有机肥料取代合成化肥。平均产量低至 4 500 升 / 公顷。葡萄收获先从黑品乐开始，雷司令则很少在 10 月前完成。所有的采摘都是手工挑选。葡萄孢菌并不受干型酒的欢迎，只在成熟和健康的葡萄中产生。葡萄除梗，但会做轻度破碎，然后根据年份情况决定带皮浸渍的时长，最多不能超过 6 小时。沉淀之后，用于佳酿酒的葡萄汁和人工酵母一起在 Stückfass 和 Doppelstückfass 传统卧式普法尔茨橡木桶里发酵。而那些不太复杂的葡萄酒，则在较小的不锈钢罐中发酵。发酵过程长达 4 个月。更易入口的简单葡萄酒会保留精制酒糟直至 4 月，再好点的葡萄酒则会等到 7 月底。黑品乐会在（多数使用过的）木桶或者卧式大木桶中发酵和陈酿。

经过多年的积累，特里萨的葡萄酒变得越发出众和精致。她的早收型雷司令葡萄酒，酒精含量低于 1.5%，色泽和酒体都很轻盈，香气明快，口感活泼奔放（甚至可能如钢铁般结实），开瓶前至少需要等 3 年。

2010 年，特里萨完成了 4 个相当优秀又颇为不同的年份酒。2007 强劲、醇厚，实则内心孤傲，有清晰的矿物风味。回味持久而

右图：特里萨·布罗伊尔在困难时刻继承了家族酒庄，如今不仅延续，更提升了酒庄的声誉

上图： 不同大小的木桶用于酿造比伯恩哈德时代更细腻精致的特里萨葡萄酒

复杂。2008 浓厚、强劲，极富矿物风味，真正的莱茵高经典，需要几年沉淀来展现真正的价值。2009 强劲、浓醇，又兼具优雅和蓬勃的活力，连佳酿酒也比平时更早释放。至于 2010，我品尝的时候是采收 1 年后，还是太年轻了些。但我欣赏这些雷司令的集中、纯净和结实的酸度。

顶级佳酿

Rüdesheimer Berg Schlossberg Riesling trocken

这款酒在每年装瓶时都会贴上不同的艺术家标签，是真正的头等园佳酿。它的成熟、深度、复杂性和持久度无可匹敌，尽管深厚而强劲，它也总是充满着雅致和细腻，纯正辛辣的盐土味会让你一杯接一杯地喝个不停。

2007 ★ 香气相当明确却依然克制，展现风土特有的清冽的草本芬芳。入口浓醇、强劲，层次丰富，咸味突出，活泼灵动。令人惊喜的是，余味相当复杂持久。

1997 ★ 香气明快、雅致而辛辣。口感纯净，生动而活跃，呈现多汁的质地，美好的甜度，完美的成熟和平衡感。余味绵长，依旧是咸辣开胃的收尾。

Rauenthaler Nonnenberg Riesling trocken

因酸度较高，残糖量（7～9克/升）总是高于其他佳酿酒。最好的 Nonnenberg 诞生于温暖干燥的年份，**2007 ★** 或许是史上最佳的 Nonnenberg 酒。它展现了明亮而辛辣的雷司令芳香，搭配板岩的独特气味。口感优雅、浓烈，以精炼的酸度获得平衡。余味持久、复杂而多汁。

乔治布罗伊尔酒庄概况

葡萄种植面积： 约 33 公顷（80% 雷司令、12% 黑品乐、7% 灰品乐、1% 黄奥尔良和白高维斯）

平均产量： 240 000 瓶

地址： Graben Strasse 8, 65385 Rüdesheim am Rhein

电话： +49 6722 1027

约翰尼斯堡酒庄（Schloss Johannisberg）

经过900多年的葡萄栽培和所有权更替，约翰尼斯堡无疑是德国最负盛名、最传统的葡萄酒庄园之一。自1720年起，约翰内斯堡（一处陡峭的斜坡，在福尔达主教王子1716年修建的黄色城堡的下方）就专注于雷司令葡萄酒的酿造。可以说是世界上历史最悠久的雷司令酿酒庄园。如果这些还不够的话，酒庄的经营者们有话说："世界上第一支晚摘酒采用的过熟和部分感染贵腐霉的葡萄就来自这里，采摘于1770年；第一支冰酒酿造于1858年。"

关于约翰尼斯堡酒庄及其1815～1992年之间的主人梅特涅家族（Metternichs）的历史，我可以洋洋洒洒写上好几页。不过，既然已经有多种渠道（包括酒庄自己的网站）供感兴趣的各位了解详情，我想这里就可以直接跳过，讲述酒庄现在的发展了。

约翰尼斯堡，德国少数几个没有村庄的葡萄园之一，面朝南方，坡度达45%，海拔为112～180米。约21公顷的区块被列为一级园干酒产地。北纬50度线正好穿过这里的葡萄藤。石英岩土壤表面覆盖黄土-壤土层，后者从上段70厘米到下段250厘米厚度不等。葡萄藤平均年龄20岁，最老的超过60岁。

福斯特·冯·梅特涅（Fürst von Metternich）曾经点过的约翰尼斯堡葡萄酒，应该是"细腻、雅致、令人愉悦的"。2004年7月起担任运营总监的克里斯蒂安·威特（Christian Witte）依然同意这个看法。因此，在总占地约35公顷的葡萄园里，人们采取的是"对环境友善"的栽培方式。产量控制在低位。对葡萄进行多轮手工挑选采摘，如条件允许，不会早于10月下旬。在压榨和酿造过程中，葡萄和葡萄汁被小心处理。威特借用理查

德·瓦格纳（Richard Wagner）的术语说道："理想艺术品（Gesamtkunstwerk）葡萄酒只可以根据天性来酿造。"

不过，如今的酿酒工艺已经相当现代化。葡萄整串压榨后，葡萄汁置于控温的不锈钢罐或90年历史的卧式大木桶中，和人工酵母一起发酵。酒糟陈酿直至装瓶。

从1820年起，约翰尼斯堡用不同颜色的蜡封，然后以瓶盖来区别不同的质量级别（如今称为头衔）：黄色代表干型或半干型优质酒；红色代表珍藏酒，从干型、半干型到甜型；绿色代表甜美顺滑的晚摘酒；银色代表饱满雅致却不刺激的一级园干酒；粉红代表精选酒，以贵腐甜和细腻酸度为特色；玫瑰金代表甜蜜但雅致的逐粒贵腐精选酒；金色代表绚烂华丽的逐粒干苞贵腐精选酒（2009 ★）；最后，蓝色代表明快、集中又辛辣开胃的冰酒（2008 ★），目前为止，确实有些复杂⋯⋯

约翰尼斯堡的葡萄酒总是醇厚、雅致，成熟果味搭配辛辣的酸度和细腻的矿物味。最好的葡萄酒陈酿表现极佳。

简单来说，约翰尼斯堡的葡萄酒总是醇厚、雅致，成熟果味搭配辛辣的酸度和细腻的矿物味。无论干型酒、甜型酒，还是贵腐甜酒，都能在瓶中陈酿时得到精进，最好的葡萄酒陈酿表现极佳。建于1721年的地下图书馆（bibliotheca subterranea）就能充分证明这一点。这里储藏了大约11 000瓶葡萄酒，最早可追溯至1748年。每隔几年，他们会从这些珍品酒中调出一些参加埃伯巴赫修道院酒庄的葡萄酒拍卖会，总能卖出很好的价钱。

1979年，占地约65公顷的玛姆香槟酒庄（GH von Mumm'sche Weingut）也收归

约翰尼斯堡酒庄 （Schloss Johannisberg）

约翰尼斯堡旗下。自此，欧特科博士（Dr. Oetker）名下的约翰尼斯堡酒庄管理公司成为莱茵高产区最大的私人葡萄酒生产商，栽培葡萄约 100 公顷。不过，这两座酒庄都拥有自己的葡萄园，也依然各自酿造自己的葡萄酒。

顶级佳酿

Schloss Johannisberger Grünlack Riesling Spälese

不管晚摘酒是否真是在约翰尼斯堡首创，对它现在的品质不会有太大影响，都是伟大而绝妙的。酒香非常细腻，成熟、丰富、动人之余又不失新鲜，高贵而精细。

2009 ★　极其丰富、甜美，又不失明快、辛辣和多汁，酒体、甜度、矿物味和酸度达到完美的平衡。现在享用它能获得巨大的乐趣，却也是一种挥霍。

2005 ★　陈酿香气搭配成熟水果和蜂蜜的芳香，并混杂着石子的辛辣。与艳丽丰富的口感形成抗衡的是刺激的酸度和持久的咸味。现在享用这样一款优雅而顽皮的晚摘酒的确令人愉悦，但依然是一种对巨大天赋的挥霍。

1964 ★　色泽呈清澈的黄绿色；酒香满溢，混合着焦糖、风干的洋甘菊、煮熟的柑橘、蜜桃和苹果的芳香；质地甘美柔和；整体非常多汁、浓烈而持久，还很轻盈活泼，矿物味十足。

左图：运营总监克里斯蒂安·威特，监督着这些葡萄酒，确保它们配得上约翰尼斯堡悠长而杰出的过去

约翰尼斯堡酒庄概况

葡萄种植面积：约 35 公顷（100% 雷司令）
平均产量：250 000 瓶
地址：65366 Geisenheim-Johannisberg
电话：+49 672 270 090

13 │ 纳赫

杜荷夫酒庄（Weingut Dönnhoff）

年轻时的赫尔穆特·杜荷夫（Helmut Dönnhoff）曾经问自己："我到底做错了什么才会困在这个鬼地方？"对年轻的杜荷夫来说，周围的一切似乎都在违背他的追求。"世界上有那么多的地方，都比又窄又冷的纳赫中部更容易种植葡萄。"2010年9月末，在一个阳光明媚的日子里，他这样告诉我："葡萄园相当陡峭，而且极其贫瘠，岩石丛生，年降水量都不足500毫米，我们简直就是生活在沙漠里。"

不过，这种感受并没有持续下去，杜荷夫及时领悟到他其实是被眷顾的。他继续说道："我发现，这些正是雷司令最棒的前提条件。雷司令喜欢受苦，它在这里的生长也得益于巨大的昼夜温差。尽管在每年的5月基本都会遭遇霜降，但晚霜期却能让我们酿出不可思议的冰酒，因为酸度总是可以保持高位，果实也能保持非常健康的状态。雷司令还热爱多变。这里的雷司令葡萄酒总是如此的多样，那是因为土壤多变，每隔100米就能呈现不同风貌。每次听到人们议论风土，我总是会问自己："当他们在对比新旧世界的葡萄酒时，真的只通过讨论风土特色来试图解释这种差别吗？"

杜荷夫微笑着拿出一把形状、颜色各异的石头，它们来自奥伯豪森市赫曼舒头等园（Hermannshöle）里的一小块地。他用指腹摩挲着石头，然后嗅了嗅，说道："你看，这就是风土。你品尝这里的葡萄酒，然后是那边的葡萄酒，它们的味道不一样，每一款都不一样。"杜荷夫指着纳赫河另一边支流上的雷斯登山（Leistenberg）葡萄园方向，他曾

左图：高度敬业、理智的酿酒人赫尔穆特·杜荷夫如今和儿子科尼利厄斯（右）一起工作

145

在那里酿造了一款我特别喜欢的珍藏酒。"在这里，纳赫中部和上部，我们不说雷司令，我们只说产地。我们会提到雷斯登山园、赫曼舒园、库普芬格鲁布园（Kupfergrube）、菲尔森山园（Felsenberg）或哈伦山园（Halenberg）。它们都是雷司令葡萄酒，但各不相同。"

杜荷夫约 25 公顷葡萄园的 80%，加上另外租借的约 5 公顷的土地都种植雷司令。杜荷夫的雷司令在精品葡萄酒世界里一直广受赞誉。它们风格全面，干型、半干型、甜型、贵腐甜型，每一款都呈现葡萄生长的土壤特征。风化板岩土壤产出澄澈、直接的葡萄酒，雅致与细腻十足；火山土壤（斑岩和暗玢岩）孕育纯净辛辣、富含矿物风味的葡萄酒；含更多石灰质的土壤则带来味醇又复杂的葡萄酒，大多为干型酒。对于立场坚定的葡萄酒鉴赏家及专业人士来说，这些雷司令酒都能在全球最好的白葡萄酒队伍里占据一席之地。现在，酒庄 50% 左右的葡萄酒都用于出口，显然再过 20 年，杜荷夫将成为一种德国标志——葡萄酒中的奔驰或保时捷，但售价依旧相当合理。

如今，杜荷夫在宫殿波克海姆（Schloss-bökelheim）、奥伯豪森（Oberhausen）、尼德豪森（Niederhausen）和诺尔海姆（Norheim）村庄里都拥有葡萄园。其中，有 8 个葡萄园被列为 VDP 一级园，具备生产头等园干酒的资格。但目前为止，杜荷夫只酿造了 3 款：费尔森山头等园干酒（Türmchen）、赫曼舒头等园干酒和黛儿头等园干酒（Dellchen GG）。因为土壤贫瘠且岩石丛生，所以天然平均产量都很低（5 000 升 / 公顷），尤其是那些 65 年以上的葡萄藤。为了让它们更加低产，种植密度高达 6 000 株 / 公顷。他追求的是葡萄园里和葡萄酒中的平衡。

对杜荷夫来说，比位置、葡萄汁比重和产量还要重要的，是每座葡萄园都能酿造出最适合的葡萄酒。杜荷夫说："雷司令葡萄酒应该像岩间的流水或山中的清泉，一开始可以含蓄，但必须有能让它在口中起舞的酸度和持久度。"

杜荷夫总是很晚收葡萄，极少在 10 月中旬之前开始（"先土豆，后葡萄"），然后一直持续到 11 月中旬。如果条件允许，冰酒的葡萄采摘大多要到 12 月底进行。酿造干型酒时，葡萄孢菌的最高容忍值是 5%。很多葡萄园都要至少采摘 3 次；在 2010 这样的年份里，则通常 2 次或者更多。杜荷夫用不锈钢罐发酵和熟成甜葡萄酒，也用卧式大木桶酿造顶级干酒，尤其在酸度高的年份。

我们可以只看杜荷夫最重要的那些葡萄园，全部只种雷司令。费尔森山头等园是宫殿波克海姆村的一座陡峭的朝南葡萄园，土壤以风化斑岩为主，岩石极多。杜荷夫在这里酿造两款雷司令葡萄酒：酒体饱满、矿物风味足、略带烟熏味的费尔森山园雷司令；取材自葡萄园中心地带的费尔森山小塔雷司令头等园干酒，浓烈、复杂而强劲。

黛儿头等园干酒，产自诺尔海姆村的一座朝南葡萄园，浓醇、多汁而撩人。这里邻近垂直的火山岩，并用无浆石墙全部筑成梯田。葡萄生长得益于特殊的中气候及混合板岩和风化火山石的复杂土壤。陡峭朝南的赫曼舒头等园地处尼德豪森村，是杜荷夫最著名的葡萄园，也可能是纳赫谷地区最优秀的佳酿园。雷司令生长在混合石灰岩和斑岩的黑灰板岩土壤里，能带来贵气逼人的头等园干酒和世界级的特别优质酒。

杜荷夫在干型酒的制作上投入了与甜型酒一样的热情，但是为他带来更多国际赞誉的主要还是贵腐甜酒。在诺尔海姆樱桃场葡萄园（Norheimer Kirschheck），板岩土壤带来一款充满矿物风味和香甜果味的晚摘酒。在奥伯豪森桥葡萄园（Oberhäuser Brücke），杜荷夫在河岸边的专属种植地，灰色板岩上覆盖混合黏土的厚黄土层，他能定期收获一款明亮绚烂的冰酒和一款有着活泼酸度和浓郁果味的精美晚摘酒。

顶级佳酿

（品尝于 2010 年 8 月和 9 月）

2009 Felsenberg Türmchen GG ★

非常清澈。散发树叶和青柠的芬芳。纯净、内敛却丰富饱满，柔滑且优雅。明确的水果风味，完美平衡。余味持久，令人难忘。

2009 Hermannshöhle GG ★

清澈、纯净，散发雅致的香气，有柑橘和白桃的芬芳。集中而多汁，非常优雅，呈现几乎跳跃的口感，又不失力度，十分持久。

2009 Schlossböckelheimer Felsenberg Türmchen Spälese [V]

香气纯净，有泥土的芬芳，隐约透着坚果、烟熏、接近燧石的气味。强烈集中，颇为持久，有矿物的力度，就像是熔化的石头。让人印象深刻。

2009 Niederhäuser Hermannshöhle Spätlese ★ [V]

散发烟熏的气味，还有熟透水果的香气，近似葡萄干的味道，细腻精准，有草本芬芳，透着少许辛辣开胃的矿物气息。口感丰富而圆润，刺激的片岩香气加强了细腻雅致的酸度。余味辛咸，十分悠长。复杂而充满张力。

2009 Norheimer Dellchen Spätlese（Auction）★

散发极其清澈而雅致的陈酿香气，但依旧克制。集中的质地与高雅的酸度完美平衡。余味很

咸，近乎辛辣。这是一支超级复杂且持久的包豪斯雷司令，十分朴素，近乎干型酒（于晚摘酒而言）的纯净口感。

2009 Niederhäuser Hermannshöhle TBA ★

成熟的热带水果香气，混合蜂蜜、焦糖和全麦的气味。口感黏稠却辛辣、活泼，如水晶般通透。有杏果干和杏果酱的味道。非常优雅。完美的TBA 酒。

2009 Oberhäuser Brücke Eiswein

散发水晶般清澈的果香，非常纯净，浓度出色。有葡萄柚和太妃糖的香气。十分高雅、集中且口感复杂，与辛辣、活泼又成熟雅致的酸度完美平衡。

（品尝于 2009 年 9 月）

2008 Oberhäuser Brücke Eiswein ★

它的酿酒葡萄采摘于 12 月 30 日。香气清澈又辛辣，散发黄核水果和草本的迷人芬芳。完全纯净而辛辣的口感，坚实而持久，甜美的果味与突出但极细腻的酸度完美平衡，十分深厚而持久，是一款完美的冰酒。杜荷夫酿造了另一款 2008 Brücke Eiswein，取名"一月"（January），因为它的葡萄采摘于 2009 年的 1 月，含糖量 200° 且大量感染贵腐霉。它甚至比 12 月的版本更浓醇，但依然完美平衡。

杜荷夫酒庄概况

葡萄种植面积：约 30 公顷（100% 白葡萄，其中雷司令占 80%）
平均产量：150 000 瓶
地址：Bahnhofstrasse 11, 55585 Oberhausen/Nahe
电话：+49 6755 263

埃姆里希 - 肖雷柏酒庄 （Weingut Emrich-Schönleber）

差不多200年前，德国最著名的诗人约翰·沃尔夫冈·冯·歌德（Johann Wolfgang von Goethe）形容莫其艮葡萄酒（Monzinger）很适合开怀畅饮，但也能让人不知不觉上头。1815年的葡萄酒爱好者曾感受到的一切今天依然如此。在盐味和紧致酸度的作用下，这些产自纳赫谷上游莫其艮地区的精致葡萄酒起初似乎在口中飘荡，但不久之后，毫无提防的饮酒人会惊喜地感受到它们的强劲、集中、深度和结构。现在也是如此，这个地区最基本的葡萄酒也可以相当复杂，只是"可畅饮"已不再是对莫其艮葡萄酒最好的形容。它们可以是值得敬佩的，尤其是一款哈伦山园（Halenberg）或蜜春山园（Frühlingsplätzchen）葡萄酒，并且出自顶级酒庄之手，比如埃姆里希 - 肖雷柏。

埃姆里希 - 肖雷柏庄园距今已有约250年的历史，但是直到20世纪60年代，家族才决定放弃其他农业形式，专攻葡萄酒的酿造。当沃纳·肖雷柏（Werner Schönleber）在20世纪70年代从父亲手中接过产业时，家族的葡萄种植面积不足3公顷。慢慢地，沃纳扩大了葡萄园，在顶级种植区莫其艮、哈伦山和蜜春山购入最好的区块，主要种植雷司令。沃纳和儿子弗兰克（Frank）的伟大贡献在于，过去40年间，他们一直在最陡峭的种植地里养护地块，尽管在工作中面临挑战。如果不是他们，这些种植地十之八九已经废弃了。家族还重建了一批因为既不适合机械化也不适应高产量而废弃几十年的顶级区块。

沃纳·肖雷柏略伤感地说："品质源自磨

右图：勤奋的沃纳和弗兰克·肖雷柏为重塑纳赫的昔日辉煌贡献了至关重要的力量

砺，让我们的努力和代价得到回报的唯一机会就是生产最高品质的葡萄酒。"

他也是这么做的。1994 年加入 VDP 协会的埃姆里希 - 肖雷柏酒庄在过去 30 年里一直是德国最优秀的葡萄酒生产商之一。沃纳·肖雷柏让哈伦山和蜜春山重归名园版图之上，1901 年版的普鲁士葡萄园地图（Prussian Lagenkarte）曾将两座山园标注为最高级，是他携手赫尔穆特·杜荷夫和新近的蒂姆·福利希（Tim Fröhlich），让曾经默默无闻的纳赫谷地区成长为世界上最受推崇的雷司令产区之一。2005 年，弗兰克·肖雷柏（出生于 1979 年）接管酒窖，他的父亲则依然负责葡萄园的事务，向全世界馈赠他们的美酒。

所有葡萄园都在莫其艮地区，共计占地约 17 公顷，85% 用于种植雷司令葡萄，大部分葡萄酒发酵成干型，也有卓越的特别优质酒：迷人的晚摘酒、出色的精选酒、集中的 BA 酒和值得纪念的 TBA 酒。但即使是这类酒，口感也不甜。平衡酒体的矿物骨架给了所有肖雷柏葡萄酒辛香近乎辛咸的个性，还有了不起的复杂性和持久度。

葡萄藤大多生长在朝南和西南的陡坡上。石质土壤，以不同种类的板岩为主，也能找到石英岩和石英。哈伦山头等园的土壤里主要是蓝色板岩，邻近的蜜春山头等园则是红色板岩。两地都拥有很特别、很温暖的中气候，因地形而免受冷风侵袭的同时，每天还能享受来自纳赫谷的暖气流。

在两地最温暖的区块，极其贫瘠的土壤导致了最低的产量和个头最小、风味最强的果实。这里正是头等园干酒的出产地，都是雷司令酒，复杂度惊人又不失优雅，精巧十

足。需要等 3 ~ 5 年来释放，5 ~ 10 年后饮用最佳。当然，这不是说产自这两座山园的其他雷司令酒品质就不卓著、风土特色就不浓厚，无论是经典的特别优质葡萄酒，还是干型风格的葡萄酒，标签名为莫其艮哈伦山雷司令干型酒和莫其艮蜜春山雷司令干型酒（头等园酒则被简单地称为哈伦山头等园干酒和蜜春山头等园干酒）。

肖雷柏家族一年到头都在葡萄园里极辛勤地劳作，葡萄采收通常都很晚，也总是手工完成。大部分的雷司令葡萄在 11 月的前 2 个星期被采摘；品乐葡萄则在 11 月底。葡萄必须完全成熟且健康；最多可容忍 5% 葡萄孢菌，但前提只可能是纯净的贵腐霉。葡萄破碎但不除梗，压榨前浸皮最多 6 小时。基础级葡萄酒和那些特别优质酒都在不锈钢罐里发酵（部分自然发酵），头等园葡萄酒则在传统木桶里发酵，弗兰克解释说："我们相信，我们的葡萄酒可以在木桶里获得更好的平衡和陈酿潜力。"2 月底进行第一次换桶和过滤，随后葡萄酒会在罐子和木桶里再静置 4 ~ 6 周，直至 4 月装瓶。新近扩建的酒窖为单一园葡萄酒和头等园葡萄酒配备最现代的不锈钢罐和更多的木桶，让肖雷柏家族最大限度地保护了葡萄、葡萄汁和葡萄酒。

埃姆里希 - 肖雷柏酒庄每年出品 18 款葡萄酒，每一款都是赏心悦目的。特别优质酒无疑是出众的，而极适合畅饮的哈伦山园晚摘酒却是我的最爱之一，是从不上头却总能振奋我心的佳品。当然，少不了哈伦山头等园干酒，多年来就是这片庄园至高无上的存在。还有板岩雷司令（A de L Riesling）。简单来说，这是一座拥有惊人酿酒财富的伟大庄园。

顶级佳酿

2008 Monzinger Halenberg Riesling Spätlese ★ [V]

这款伟大之作几乎就是一个声明。它证明了一个真正的头等园产区不仅可以在干酒和精选酒中表达自我，也可以在晚摘酒里自由发声，只要人们在酿造这种德国基础款葡萄酒时投入了技艺与热爱。它的香气非常清澈，辛香甚至奔放；口感纯净、味咸、紧密交织。这款优秀的晚摘酒呈现 Halenberg 酒必须具备的矿物风味和优雅。

Frühlingsplätzchen GG

这款取用 50 年葡萄藤果实的精致雷司令酒，从来不如 Halenberg 那般戏剧化，香气和口感都细致淡雅，散发上等草本、花卉和青桃的芬芳，伴着一股清新柑橘的香气。入口纯净而直接，充满细腻和欢愉。平衡良好，收结处是诱人的矿物风味。

2009 相比前几个年份更浓醇甘美。当我在 2010 年夏末品尝时，它还太年轻，似乎有些过于激进。

2008 ★ 香气非常纯净清新，散发柑橘和草本的芬芳。酒体饱满且细腻十足，非常精准而直接，总是那么优雅。伟大的葡萄酒，陈年潜力大。

2004 典型的悠长回味，却并不强悍。焦糖和美味水果的香气暗示了熟成的开始，但是结构依然坚实，酸度新鲜。

Halenberg GG

这款雷司令在年轻期展现更多热带水果的风味，总是非常的浓醇而复杂，又不失细腻与优雅，以美妙的酸度和巨大的矿物味为基调，近乎辛咸的口感结构。无论哪个年份都能收获持久悠长的余味。

2009 ★ 怪物级：极度丰富而强劲，非常集中、深厚和持久。激进，现在几乎不能饮用。甜度高于往常（残糖量 8 克／升）。有陈年潜力，但并非我喜欢的经典纯净的 Halenberg 酒。

2008 ★ 香气十分清晰、浓厚，带着淡淡的草本香和柑橘芬芳，有白垩土的影子。动人而复杂

的口感，味咸，非常优雅，余味悠长。

2003 （品尝于 2009 年 9 月）味干、灼热，不按常理出牌。但是，采收后近 6 年的它还是一款 Halenberg 酒：非常清澈、新鲜，散发水果干、柑橘、草本和薰衣草的香气。重酒体，非常浓醇而多汁，又不失优雅，呈现粉状白垩土的质地，非常持久。现在的状态正释放，2012 年后开瓶会更好。

2002 Monzinger Halenberg Auslese trocken ★

同一产区头等园干酒的前身。当我在 2011 年 9 月品尝它时，十分强劲、深厚，而且依然新鲜。散发草本的香气，入口相当强劲、复杂，但优雅、层次丰富。呈现美妙的矿物质地，完美平衡，余味十分辛咸悠长。令人难忘。

A de L Riesling

用个头极小的葡萄酿造的这款雷司令，在浓度和结构上的表现让人大呼过瘾，具有纯净的矿物风味和惊人的陈年潜力。

2009 ★ 极其纯净、深厚，一开始似乎不如两款头等园干酒那么恢宏强劲。但是最终，它表现得更细腻、更复杂，只是依然需要至少 5 年的时光来打磨棱角。

2008 ★ 清新，出奇的清澈和纯净，优雅而直接，紧密交织而强劲。酒精度仅 12.5%。在目前这个早期阶段，相比 2009，我更喜欢它。不过，我们还是要看看它们在未来几十年的发展。

埃姆里希－肖雷柏酒庄概况

葡萄种植面积：约 17 公顷（100% 白葡萄，雷司令占 85%，60% ～ 65% 干型酒）
平均产量：120 000 瓶
地址：Soonwaldstrasse 10a, 55569 Monzingen
电话：+49 6751 27 33

舍费尔 - 福立希酒庄（Weingut Schäfer-Fröhlich）

看上去有几分20世纪80年代英国 Depeche Mode乐队粉丝气质的蒂姆·福立希（Tim Fröhlich）出生于1974年，是德国葡萄酒界的后起之秀，一颗冉冉升起的巨星。他的产自纳赫谷上游地区的雷司令葡萄酒，凭借令人窒息的纯净、闪耀、优雅和细腻，配合清冽精细的果味、矿物风味和极好的复杂性，一直稳居德国的最佳葡萄酒之列。杰出的2010（仅次于同样杰出的2009和伟大的2008、2007）代表了福立希的第17个年份酒，也再一次证明，他虽然年轻，但已经是行业内的大师，具备向纳赫产区久负盛名的泰斗——赫尔穆特·杜荷夫和沃纳·肖雷柏（埃姆里希 - 肖雷柏酒庄）挑战的资格。

福立希的家族从1800年开始在博克瑙村庄（Bockenau）酿造葡萄酒。从某种意义上说，他们当时别无选择。险峻而又多岩石的斜坡，板岩和火山岩土质上只能种植葡萄。然而，洪斯吕克山脉温暖的白天和凉爽的夜晚使这里的土壤变成了雷司令的天堂。蒂姆·福立希的祖父和父母，都因为他们的博克瑙雷司令酒而获得赞誉。如今，家族在博克瑙地区最好的位置拥有葡萄园——菲尔瑟勒克头等园（Felseneck）和斯托姆山园（Stromberg），还有莫其艮地区（皆为头等园的哈伦山园和蜜春山园）和宫殿波克海姆地区（皆为头等园的库普芬格鲁布园和费尔森山园）。约85%用于栽培雷司令，剩下的种植白品乐（10%）、灰品乐（2%）和仅供家族自用的黑品乐（3%）。葡萄藤的平均年龄为40岁；在斯托姆山园的梯田地块上，最古老的葡萄藤超过50岁。

蒂姆·福立希将重点放在风土特色突出的雷司令上。他的博克瑙雷司令纯净、辛辣、雅致，展现一种源自蓝色板岩和石英岩混合土壤的独特个性；他那浓醇又雅致的莫其艮雷司令诉说着板岩、石英岩和沙砾的存在；紧实而辛辣的宫殿波克海姆雷司令则透着火山斑岩的影子。带燧石味的库普芬格鲁布园雷司令，散发草本清香的费尔森山园雷司令，强劲的哈伦山园雷司令，以及多年前就展现清雅特质的蜜春山园雷司令，也同样都是各自风土的独特表达。

说到酿酒，蒂姆坚信，一款风土葡萄酒应该做到尽可能的纯粹。他从不添加人工酵母，既不调整葡萄汁（仅在2010年对大区级和村庄级酒略微进行了减酸处理），也不澄清最后阶段的葡萄酒。手工采摘，采收时间晚。即使是基础级葡萄酒也极少在11月前采摘，头等园干酒的采收则一般留到11月底进行。他的采摘标准也很严格，只接受成熟且健康的葡萄，含糖量为100～103°。

为了在纳赫这样一个凉爽的产区培育出完美的葡萄，福立希必须从年初就开始在葡萄园里高强度劳作。这是一项艰巨而庞大的任务。在4月或5月，福立希会除去一半的嫩枝，每两条取一条，以获得稀疏的叶壁。树冠高达1.5米，根据太阳的位置，相邻行的葡萄将得到遮蔽，以保持清冽的水果风味，并随着葡萄成熟而靠近地面，从石质土壤的辐射中获益。葡萄开花时，一些叶子会被拔除以获取更多的阳光和更好的通风。到了10月，晒伤的风险已经逐渐消退，果实区几乎完全暴露在阳光下。蒂姆从来不使用化肥，只选用自然粪肥。每隔一行种植一种覆盖作物，自然植被或是混合种子，也能保护年轻的地块免受侵蚀。在非常温暖的年份，比如 2007 年和 2009 年，则每行都用稻草遮盖，防止脱水蒸发。

当然，在酿酒厂里也有一些细节需要特别注意。分类好的葡萄不除梗，直接破碎，并且根据葡萄酒的年份、个性和风格，经过 6 ~ 24 小时的浸渍后再轻度压榨。沉淀之后，未被过滤的葡萄汁在不锈钢罐里自然发酵，自然温度为 16 ~ 17℃，持续 1 ~ 3 个月。只有品乐酒在木桶里发酵。头等园干酒保留所有酒糟直至 5 月；甜型酒保留到 6 月或 7 月；基础级葡萄酒则到 3 月底。所有的葡萄酒都只会经过一次轻度过滤，不做澄清和稳定处理即装瓶。

这里有 5 款世界级的头等园干酒和一系列强烈推荐的特别优质酒，从晚摘酒到逐粒干葡贵腐精选酒和冰酒，全都品质非凡。

顶级佳酿

（品尝于 2010 年 9 月）

2009 Felseneck GG ★

香气绚烂，带着成熟而集中的果香，以及草本和矿物的气息。在口感方面，这款头等园酒直接、紧实而强劲，同时又很纯净，有着令人陶醉的优雅。回味很咸，持久度杰出，是卓越之作。

2009 Felseneck Riesling Auslese ★

在香气方面，风格劲爽，展现精致水果的特性。宛如在口腔中起舞，完美的果味极为明确。味咸，非常平衡，雅致得令人难以置信。还有一个金帽的版本，极其出色，用 30% 健康的浆果酿造而成。这就是一款完美的精选酒：复杂精致、矿物味十足，还充分表达了风土特点。

2009 Felseneck Riesling Beerenauslese ★

辛香且相当清晰，有上好葡萄干的香气。口感集中而甜美，这款迷人、柔滑且优雅的 BA 酒，像

精灵一样轻盈。这又是一款金帽封瓶的葡萄酒，优雅细腻与集中浓醇相得益彰，达成完美的平衡，而 Felseneck 酒纯净辛咸的特质依旧贯彻其中。

2009 Felseneck Riesling Eiswein

葡萄采摘于 2010 年 1 月 6 日，温度为 –16℃。因为葡萄汁含糖量 245°，浓度极高，他们花了整整一天的时间才从压榨机里得到第一滴葡萄酒。这是一款集中度惊人，黏稠，带着辛辣甜味的浓缩冰酒。

2009 Felseneck TBA Goldkapsel ★

用 5 周的时间，把感染贵腐霉的葡萄干一粒粒地收集起来。成果是 50 升令人难以忘怀的 TBA 酒，残糖量 450 克 / 升，酒精度 5.5%，有一天会在巴特克罗伊茨纳赫拍卖会上出售。纯净的芳香和百香果、橙子、金橘和生姜的风味，平衡度完美，优雅十足。辛辣、活泼，回味无限。

舍费尔 - 福立希酒庄概况

葡萄种植面积：约 20 公顷
平均产量：120 000 瓶
地址：Schulstrasse 6, 55595 Bockenau
电话：+49 6758 6521

迪尔酒庄（Schlossgut Diel）

迪尔酒庄位于纳赫谷下游的伯格雷恩市（Burg Layen），其历史可追溯至 200 多年前。不过，是阿米·迪尔（Armin Diel）让酒庄在 20 世纪 80 年代末闻名于世。今天，集专业律师、葡萄酒官员和酒评家多重身份于一身的阿米，得到了女儿卡洛琳·迪尔（Caroline Diel）的从旁支持，卡洛琳从 2006 年开始负责约 22 公顷葡萄园，并与资深的酒窖主管克里斯托夫·弗雷德里希（Christoph Friedrich）一起管理酒窖。卡洛琳在盖森海姆攻读了葡萄栽培学和葡萄酒酿造学，并在罗伯特威尔、汝纳特（Ruinart）、罗曼尼康帝和碧尚女爵（Pichon Longueville Comtesse de Lalande）等知名同行酒庄里磨练了技艺。凭借卡洛琳的学识、果敢的天性和杰出的品位，迪尔酒庄的葡萄酒变得越发明快、细致、优雅，细腻度尤其卓越。

凭借卡洛琳的学识、果敢的天性和杰出的品位，迪尔酒庄的葡萄酒变得越发明快、细致、优雅，细腻度尤其卓越。

雷司令（占总数的 65%）是这里绝对的霸主，不过在其他品种方面，酒庄也有所建树。我发现，他们的白品乐和灰品乐，尽管偏勃艮第风格，于我而言酒精度有点过高，但卡洛琳特酿黑品乐（Pinot Noir Cuvée Caroline）却是极优秀的，它最近的 3 款年份酒（2007、2008、2009）相当纯净清新，单宁极其柔滑。还有起泡酒，这款 Mo 特酿起泡酒（Cuvée Mo Sekt）——黑品乐和霞多丽（2004 ★）或灰品乐（2005）混酿的木桶发酵型葡萄酒，5 年后才除渣，呈现令人惊讶的复杂层次：质地绵软，有坚果味，果味清新怡神。

迪尔酒庄的葡萄园位于特洛巴赫河（Trollbach River）谷地。这里的知名度不高，却是德国最干燥和温暖的产区之一。年平均气温 9.7℃，夏季温暖但不炎热，7 月平均气温 20℃，降水量长期处于低位，平均 534 毫米。

三处坐北朝南的头等园——金孔（Goldloch）、城堡山（Burgberg）和皮特曼琛（Pittermännchen），全部在 1901 年版的普鲁士葡萄园地图里被列为顶级种植地（Lagen Erster Klasse）。大多是陡坡，部分是梯田，并得到了很好的保护，只能用手工或借助电缆绞车进行栽培。

在土壤结构方面，即使是相邻的地块也可能差异极大。于是，葡萄酒也会相应地呈现独特性。表面覆盖含石黏土薄层的岩质沙砾土壤是金孔葡萄园的主要土质，迪尔在这里持有面积约 5.2 公顷。它的头等园干酒浓醇而强劲，又雅致深厚，刺激活泼的酸度令酒味平衡。同样活跃的酸度和富含矿物味的清新度，也造就了美味的雷司令晚摘酒。

金孔园向西延伸就是皮特曼琛园。在这里，迪尔酒庄仅栽培约 1 公顷的葡萄藤。这里的底土稍有不同，有高含量的灰色板岩、石英岩和沙砾，这样的组合孕育了精致典雅的雷司令佳酿，有着活跃的酸度和复杂的结构。据阿米·迪尔所说，这里的雷司令特别优质酒获得了曼弗雷德·普朗的极大赞赏，原因显而易见：在 2008 年，无论是皮特曼琛头等园干酒（Pittermännchen GG），还是皮特曼琛园晚摘酒（Pittermännchen Spätlese）[V]，都给人留下了深刻的印象，而皮特曼琛园金帽精选酒（Pittermännchen Auslese Gold Capsule）★更是真正的杰出之作。同时，在过去的几年里，城堡山头等园干酒（Burgberg

GG）已成长为迪尔酒庄最复杂的雷司令干酒。

葡萄酒酿造的过程有非常高的标准。葡萄破碎但不除梗，压榨前浸皮 3 ~ 24 小时。沉淀一晚后，葡萄汁在 16 ~ 17℃的温度下置于不锈钢罐（基础葡萄酒和特别优质葡萄酒）或传统木桶（头等园干葡萄酒）中发酵。佳酿酒自然发酵，如有必要也会接种酵母使其发酵成干型酒。甜型酒在发酵停止后直接硫化，干型雷司令佳酿酒则会在换桶之前酒糟陈酿至 4 月或 5 月。两者都在 6 月装瓶，特别优质酒则要等到晚冬，稍早于基础葡萄酒，后者会在 3 月或 4 月装瓶。

顶级佳酿

Burgberg GG

城堡山（Burgberg）独立葡萄园的历史可追溯至 1400 年，但是直到 20 世纪 90 年代，迪尔酒庄才成为这里的其中一位业主。迪尔家族拥有约 1.8 公顷土地，占比 50%。几乎完全被坚硬岩石包围的这座陡峭山坡，呈现古老圆形竞技场之态，因此葡萄（全部雷司令）生长得益于极温暖的中气候。复杂的土壤(黏土，含红色板岩和高比例的石英岩）创造了一款丰富而集中的雷司令，呈现泥土和草本的风味，还有矿物质感，以及强烈而持久的余味。2010 年 8 月，卡洛琳和阿米为我安排了一场关于 3 款年份酒的小型垂直品鉴会。

2007 香气馥郁而强劲，散发成熟奔放的果香。口感相当浓厚多汁又纯净微咸。质地顺滑，几乎如奶油般绵柔，与之形成对比的是精妙活跃的酸度和浓烈的矿物味，回味持久。

2008 香气十分清晰纯净，带着泥土味和水果芬芳。口感精炼优雅，相当高贵纯净，结构坚实，极为诱人，余味中回荡着清晰的矿物风味和上好水果的芬芳。经典之作。

2009 清澈芬芳，依然由一级香气主导。入

左图：卡洛琳·迪尔的教育背景、经验及杰出的品位，有助于她在酒庄已有的高水准上更进一步

口多汁、清爽且辛辣，圆润又十分优雅，呈现灼热的酸度和开胃的盐土味。余味持久。

Dorsheimer Goldloch Riesling Spätlese [V]

Goldloch 晚摘的果味总是非常浓郁，接近巴洛克的风格。我个人更喜欢 Pittermännchen 晚摘，因为它的细腻和辛辣。但是，后者数量很少，极不容易获得，因此 Goldloch 是最好的第二选择。

1998 选用 20% ~ 25% 感染贵腐霉的葡萄，香气辛辣，带着淡雅的蜂蜜和焦糖芬芳。虽然成熟度高，但依然清新，展现独特的水果风味，质地平滑，酸度活跃。非常优雅且平衡。

2002 ★ 香气十分明确清新，散发草本芬芳。口感如水晶般通透、雅致。精细的水果风味和细腻生动的酸度。非常精致。

2004 冷冽而清澈，几分绵柔的质地，略显青涩。口感相当强劲，结构良好，但略带尘土味。现在显然不是这款年份酒的最佳品尝时机，但很有潜力。

2007 ★ 香气依然年轻，散发浓烈的水果芬芳。口感丰满多汁又辛辣味咸，与突出的酸度形成对比。

2008 ★ 香气淡雅，散发蜂蜜和葡萄干的精致芬芳，惊人的通透。入口有如精灵起舞，清脆酸度带来辛辣、开胃的口感。

2009 ★ 散发岩粉的气息，十分冷冽清澈，果香内敛。口感集中而平滑，却不失精细。非常多汁又不失清新细腻，几乎没什么重量感。

迪尔酒庄概况

葡萄种植面积：约 22 公顷（65% 雷司令，35% 白品乐、灰品乐和黑品乐）

平均产量：150 000 瓶

地址：Burg Layen 16, 55452 Rümmelsheim

电话：+49 672 196 950

14 | 摩泽尔

马库斯·莫里特酒庄（Weingut Markus Molitor）

"**难**以置信!""简直是太疯狂了!""他完全疯了。""太棒了!"每次从马库斯·莫里特酒庄的年度品鉴会离开时,我都会听到来客争先恐后地描述着他们所看到和感受到的那些难以形容的事物。的确很难找到词汇来形容莫里特每年展出的几十款最新年份酒的独特,真的是非常独特的葡萄酒。同时,他也会展示十几款年份比较久远的雷司令精选酒,最早为1988年份酒。前者的大多数只是(我也就是随口一说)未来极有潜力成为品质接近完美的手工葡萄酒,后者则一直保持惊人的新鲜度,还没有到完全发展的时候。莫里特也很想展示年份更早的葡萄酒,但他是从1984年才执掌家族生意的。

那时的莫里特年仅20岁,但很有志向,也很有远见。他说:"我的目标从一开始就是找回摩泽尔产区曾经的荣耀,酿造极其独特的葡萄酒,能清晰反映各个葡萄园的特性、不同挑选的结果,以及多年来形成的年份特色。"

从一开始的4公顷葡萄园,到现在的40公顷,这里是摩泽尔产区最大的家族酒庄之一,他在棕山村(Brauneberg)到特拉本特拉巴赫镇(Traben-Trabach)之间的18处种植区拥有多个葡萄园,大多坐落于中摩泽尔地区最佳也最陡峭的位置:棕山修道院园(Brauneberger Klostergarten)、班卡斯特雷伊园(Bernkasteler Lay)、格拉齐仙境园(Graacher Himmelreich)和冬珀斯特园(Domprobst)、温勒日晷园(Wehlener Sonnenuhr),以及与其相连的塞尔廷根日晷园(Zeltingener Sonnenuhr)、乌兹格香料园(Urziger Wurzgarten)和艾登天阶园(Erdener

左图:坚定不妥协的马库斯莫里特,周围是他珍贵的葡萄藤,很大一部分都非常古老,未做嫁接

马库斯·莫里特酒庄（Weingut Markus Molitor）

Treppchen）。从 2010 年起，他还在萨尔产区的两处顶级种植区租用了地块：奥克芬波克斯坦园（Ockfener Bockstein）和萨尔堡劳施园（Saarburger Rausch）。

由于种植区、板岩类型和微气候的差异极大，并且几款特别优质酒以干型（白帽）、半干型（绿帽）和甜型（金帽）风格酿造，马库斯莫里特的葡萄酒代表了摩泽尔葡萄酒的所有变化。每年，他都会挑选并装瓶至少 50 款葡萄酒；在大量葡萄孢菌出现的年份，种类则更多。一家酿酒商每年生产 50 ~ 60 款葡萄酒，这看起来似乎有些疯狂。但是，只要你品尝这些葡萄酒，就会发现每一款都获得了莫里特的认可，每一款都值得装瓶。

莫里特出产的大量质量非凡的葡萄酒取决于多个条件。首先是葡萄的质量：莫里特拥有大量未嫁接的葡萄藤，最高 100 年树龄，还有从这些葡萄藤菁英选择而来的植株。其次就是莫里特在葡萄园和酒窖里对品质出了名的不妥协态度，包括有机耕作、大量手工作业、严格的选择过程，以及不使用酶、添加剂、澄清剂或工业酵母的传统酿造过程。他拒绝任何可能对葡萄酒的本真、复杂或饮用寿命造成影响的手段。根据风格和年份的不同，葡萄浸渍最多 2 天时间，很大一部分经过篮式压榨的雷司令会在传统橡木桶（1 000 ~ 3 000 升）中发酵和陈酿（最好的雷司令酒，需一年或者以上）。

莫里特雇用数量惊人的 50 名葡萄园熟练工人在夏季进行树冠管理，并用于两个月的葡萄采收。这看上去似乎有些过度，但葡萄园里的每一颗葡萄在进入篮式压榨机之前，都需要经历至少，2 次挑拣或者由严格的莫里特本人验收。的确，在挑选葡萄方面，莫里特是近乎疯狂的。为了干酒的酿造，即使

只是轻微沾染孢菌的葡萄都必须与园内的健康葡萄分开，以防感染。为了得到浓郁、生理成熟的葡萄，莫里特和他的团队将产量控制在 1 000 ~ 5 500 升 / 公顷的低位，根据葡萄品种、地块和种植密度而定。葡萄采摘非常晚，尤其是干型的晚摘酒和精选酒，这样能让葡萄有更高的提取物，更成熟，并减弱酸度的进攻性，达到酚类成熟，让葡萄酒的口感更有结构。每个地块都要经过多次采摘，不同成熟度的葡萄都被仔细分开。

要生产莫里特酒庄的经典精选酒，应该有 50% 葡萄干来实现葡萄酒的绵软质地，用 50% 健康浆果带来新鲜度的平衡。根据 1971 年之前的葡萄酒法，他生产 3 种精选酒：一星代表优秀精选，两星代表更优精选，三星则代表最优精选。这些星标代表的不是糖量（越多越好），而是细腻程度（越细腻越好）。一款三星的精选酒，尤其是干型酒，是非常珍贵稀少的，因为这需要生理成熟完美且完全健康的葡萄。不过，甜型和半干型的三星精选酒是常规生产的，因为这两种葡萄酒都可以接受葡萄孢菌。

莫里特酒庄酿造 BA 酒，尤其是 TBA 酒，就像是生产一部劳斯莱斯。一组经验最丰富的采摘工人走在最前面，从葡萄簇上挑出一颗一颗的葡萄干。这些葡萄干要在酒窖的台子上再经历多达 3 次的分拣。同类中最高档的 TBA 酒是世界上最好的葡萄酒，它们会被拍卖，因此也跻身世界最贵葡萄酒的行列。

有这么多世界一流的葡萄酒（大多数的价格也很吸引人），还有一如既往追随的忠诚客户，莫里特并不需要每年生产特定的葡萄酒款，这一点与很多的主流葡萄酒品牌一样（包括许多头等园干酒），只凭年份来决定酿造哪些葡萄酒。

莫里特酒庄的葡萄酒是杰出非凡的：深沉、浓醇且富有结构，又不失清新、优雅，还有鼓动人心的力量。给一点建议：尽可能购买最新的年份酒，但也始终欣赏那些成熟的葡萄酒。

顶级佳酿

2007 Graacher Himmelreich***Piont Noir

这款黑品乐产自格拉齐（Graach）最陡峭的中部地区，是全德最好的黑品乐葡萄酒之一。细腻的水果风味，红醋栗和全麦（不是葡萄孢菌）的气息，甜美而和谐，极为雅致。口感成熟、浓烈而饱满，果酱味颇重，但同时也很有深度，强劲集中。质地柔软雅致，其酸度也是；烟熏味收尾，成熟单宁还有一丝尖锐，为这款颇强势的头等园酒提供了丰富的结构。

2009 Zeltinger Sonnenuhr Kabinett Fuder 6 [V]

从复杂性、轻盈度、新鲜度和易饮性来说，它都是德国最令人印象深刻的葡萄酒之一。这是一款干型珍藏酒，酒精度11.5%，取用的葡萄产自高海拔位置上最古老、未嫁接的葡萄藤，因此糖分适中。散发成熟浓烈的果香，有板岩的辛香。呈现成熟杏子和桃子的风味，口感清晰明确，酸度清新，有板岩的咸味。

2001 Zeltinger Sonnenuhr Auslese *** trocken

这是一款披着巴塔-蒙哈榭（Batard-Montrachet）外衣的雷司令，灵魂显然属于Zeltinger Sonnenuhr。这里大多数的葡萄藤都有80年以上的树龄；一些地块建成了梯田，土壤多石贫瘠，主要是蓝色的泥盆纪板岩。产量出奇的低（1 000～2 000升/公顷），使雷司令在复杂成熟的同时又兼具惊人的雅致与细腻。2001年份酒很干；之后的年份酒多了大约5克的残糖量，因而带来更大的陈酿潜力。浓度和深度都非常优秀，香气很是细腻，这都得益于发酵和陈酿时的小橡木桶。如今在同等葡萄酒的橡木桶使用上，烘烤度大为

降低。这款酒非常清澈、新鲜和纯净。入口强劲、极其浓厚，呈现成熟桃子的风味；激动人心的持久度，伴随活泼辛咸的矿物味。还处于婴儿期，但是一个巨婴，令人惊叹。

1993 Zeltinger Sonnenuhr Auslese***

呈现金黄色泽，泛着绿色的光影。完全成熟的果香，绝对清澈而高雅，散发蜂蜜、葡萄干、杏子和柑橘的芬芳。口感集中辛辣，结构紧实，起初的甜味很快被凌厉的矿物味和惊人的复杂度掩盖。活泼而开胃。绝妙之作。

1998 Zeltinger Sonnenuhr Auslese ** （拍卖）

虽然在莫里特看来，这款酒还可以更好并达到三星的标准，但我想不到还有什么是缺少的。对我来说，这款金黄色的葡萄酒是一款完美的精选酒，1988年是摩泽尔最具传奇色彩的冰酒年份之一。酿酒的葡萄干是在霜降结束后逐一采摘的，这时候的香味和酸度都得到了加强。非常的纯净雅致，闻起来有最细腻的葡萄干和杏果挞的芳香。口感精妙细腻，让人如沐春风。极精细、雅致的酸度和辛咸的矿物味，以一种迷人的方式，让这款轻盈高雅但浓厚持久的葡萄酒保持了平衡。收尾处是淡雅的焦糖风味。

2009 Brauneberger Mandelgraben Eiswein

这款酒呈黄绿色。散发石头和热带水果的芳香（菠萝、桃子）。明确精细、口感通透、质地高雅，呈现蜂蜜的味道，还有金橘和酸橙的风味，板岩气息始终存在。辛辣活泼，是一款很好的葡萄酒。

马库斯·莫里特酒庄概况

葡萄种植面积：约40公顷
平均产量：200 000～300 000瓶
地址：Haus Klosterberg，54470 Bernkastel-Wehlen
电话：+49 6532 954 000

伊慕 - 沙兹堡酒庄（Weingut Egon Muller-Scharzhof）

大约 10 年前，在我第一次参观伊慕 - 沙兹堡酒庄的时候，有一种特别奇怪的感觉，好像一切都如戏剧般上演，看起来不那么真实。但是，随着岁月流转，我渐渐明白了这里根本没有什么东西是不真实的：这就是"现实生活"，只是此处的现实生活与别处的不太一样。

伊慕 - 沙兹堡酒庄在维尔廷根村（Wiltingen）附近。向着沃伯莱莫尔村的方向驱车前行，你的左手边会经过世界闻名的沙兹堡。它坐落于山脚下，离街道还有一段距离，是一座气势恢宏的淡黄色巴洛克式庄园住宅，就像是一个舞台布景。用力拽一下门口的绳子，古老的门铃就会响起，几分钟后（假设你有预约），伊贡·慕勒四世（Egon Muller IV）会打开门热情相迎。他会把你带到入口（当你终于进入这座神圣的殿堂时，这看上去更像是一个危险的出口）靠窗的大理石椭圆桌前，你会看到沙兹堡最新年份的完整系列（当然，只有雷司令）一瓶接着一瓶摆成一个圆圈，每瓶葡萄酒的边上都放着一个 INAO 小品酒杯。此时，你站上了舞台，伊贡·慕勒待则退居大厅的角落成为一位安静无聊的观众。你开始品尝面前这些刺激又迷人的葡萄酒，首先从美好的庄园雷司令开始，然后品尝精灵般的珍藏酒、美味的晚摘酒和复杂的精选酒，最后是极高贵的珍品，比如因数量稀少而大部分在小口大玻璃瓶里发酵的 TBA 酒或冰酒。品尝这些葡萄酒花费了我至少一个小时的时间，因为我在不断搜寻着恰当的字眼来描述这些难以形容的葡萄酒。这些贵族气质出众的葡萄酒很是雅致、

右图：伊贡·慕勒和 40 名采收工人一起，把健康的葡萄放入一个桶，把感染孢菌的葡萄放入另一个桶

伊慕 - 沙兹堡酒庄被广泛认为是德国最优秀的雷司令庄园。这些贵族气质出众的葡萄酒很是雅致、轻盈、通透、复杂、华美而精致，同时又展现难以置信的强度。

轻盈、通透、复杂、华美而精致，同时又展现难以置信的强度和浓度，给人以深刻印象。在整个品酒过程中，没有人说话，也很少有人吐酒，有两个极具说服力的原因。

首先，伊慕 - 沙兹堡酒庄被广泛认为是整个德国雷司令质量和风格最好的葡萄酒庄园。它是由伊贡·慕勒的曾曾祖父让 - 雅克·科赫（Jean-Jacques Koch）在 1797 年从法兰西共和国手里买来的庄园，如今已经传到了第 4 代，由 1959 年出生的伊贡·慕勒四世掌管。他从 1991 年开始接手酒庄，与祖先不同的是，很幸运地没有经历一个糟糕的年份，这是过去 25 年最好的一面。所生存的时代没有出现葡萄的生长问题。回顾 1988 年之前的岁月，现在看来完全是另一个时代，他说："在过去，我们的葡萄很难完全成熟。如今随着气候变化，葡萄更容易达到足够的糖量，于是我们就可以把心思放在酸度和风味的成熟度上。"家族位于坎策姆市（Kanzem）的乐加莱酒庄（Le Gallais）也是如此，这是家族第二个小型酒庄，拥有著名的棕库普（Braune Kupp）独占园，其雷司令也在沙兹堡制作。

以孪生兄弟阿波罗和狄俄尼索斯比喻，伊慕 - 沙兹堡酒庄的表现更像是酒神。慕勒产自沙兹堡的雷司令葡萄酒不仅稀有而且昂贵。家族共拥有约 16 公顷葡萄藤，其中约 8.3 公顷在这座头等园里。大部分都是老藤，约 3 公顷是未做嫁接的葡萄藤。沙兹堡的种植密度为 6 000 ~ 10 000 株 / 公顷。

慕勒酿造了一系列特别优质酒，珍藏、晚摘和精选葡萄酒只在风格上有差别，品质相同。因为来自不同的地块和卧式木桶（1 000 升 Fuder 桶），所以口味上会有细微差别，慕勒给这些葡萄酒都附上一个相应的 Fuder 桶编号。沙兹堡最细腻复杂、重点最突出的雷司令葡萄酒，只在特里尔年度拍卖会上以金帽封瓶示人，通常都会以最高价格成交。遗憾的是，即使非金帽版的精选葡萄酒也要每瓶售价将近 200 欧元。

占地约 28 公顷的沙兹堡本身就是德国声誉最高的葡萄园，尽管个中原因的解释多少有些老套。"锄地，锄地，锄地"，这是多年前伊贡·慕勒三世面对盖森海姆大学的学生给出的解释。现在，伊贡·慕勒四世给出的"风土"解释也不能给我们太多信息。他噙着神秘的笑容说道："这是综合了很多因素，这座山有特别之处。"像极了叫人猜谜的斯芬克司。

沙兹堡山拥有一个陡峭的朝南斜坡，位于德国最凉爽的葡萄生长区，纯质板岩土壤。这里看不到萨尔河，因为坐落于一侧谷中，比老山园坎策姆（Altenberg）和哥特斯福斯园（Gottesfuss）等著名的河畔种植区更加凉爽。石质土壤排水好、回温快。在这里，雷司令的成熟又慢又晚，吸收了土壤、阳光和凉爽夜晚所能给予的所有矿物味、芳香和风味。遇到葡萄孢菌时（"我们无法避免它"），葡萄会获得一定浓度，为精选、BA 和 TBA 葡萄酒带来迷人的口感。

对慕勒来说，晚收非常关键。在 10 月底甚至 11 月初，慕勒会带领大约 40 名采收工人进入葡萄园。他们将健康的葡萄放入一个篮子，又将感染孢菌的葡萄放入另一个。他解释说："这样每天大概可以制作 1 000 升常规葡萄酒和 50 升贵腐葡萄酒。"

所有的葡萄酒（除了 TBA 酒）都要在传统的 Fuder 木桶中发酵和熟成。发酵开始的温度大约为 10℃，基本都要发酵到 1 月。为了避免氧化并保留葡萄酒的精致和细腻，装瓶一般都很早（3月）。

慕勒说："我们的葡萄酒在装瓶后 1～3 年有不错的口感，然后封存大约 10 年的时间，再度现身时会变成真正的经典之作。如果有人想要把雷司令当作浅龄酒来喝，那就没有必要买沙兹堡雷司令了。它们的价值是随着时间上升的。"

对沙兹堡最经典的演绎是精选酒，也是慕勒一直以来追求推崇的葡萄酒。"年轻时，精选酒很难搭配奶酪以外的食物，但是存放四五十年后，几乎任何餐点都可以与精选酒完美结合。你甚至可以用它搭配野猪肉，到时候你肯定不会点勃艮第葡萄酒了。"

顶级佳酿

Scharzhofberger Kabinette

从细腻、复杂和精准度来说，世界上没有任何葡萄酒能比得上伊贡·慕勒的 Scharzhofberger Kabinette，尤其是未感染葡萄孢菌的时候。微妙的香气和口感十分独特，总是让我心生惊讶的是，只是少许风味就可以呈现如此满意的醇厚与持久性。尤其在更凉爽的年份，比如 2004，轻盈如精灵，闪烁如幻象，结构精致如一片新鲜雷司令叶子上的脉络。在更成熟的年份，它是一个和谐对立的课题，就像拍卖的 2009（#16）展示的那样：温润多汁，强劲但有所克制，余味绵长，搭配轻柔、纯净和细腻的口感，堪称完美。很难界定这款酒的最佳饮用时间。我喜欢它永不显老的阶段，通常是在收获后的 12～20 年。我还品尝过 30 年的 1976 年份酒，成熟，仍然清新、浓烈而绵长。对慕勒来说，珍藏酒和亚洲美食是最完美的搭配。

Scharzhofberger Auslese

以下是过去 60 年颇具亮点的年份集锦。甘美浓厚、极为雅致又辛辣的 2009（#10）高雅、平衡，本已足够值得金帽封瓶，但 #21 更是细腻，因而金帽加身，并拍得 570 欧元的高价。这是一款清爽贵气的 Scharzhofberger，质地集中黏稠，呈现极高雅的蜂蜜甘甜；与之形成对比的是活泼辛辣的矿物质，带来近乎咸的极干回味，回味无穷。1971（#16）是一款超越当下认知的超凡之作，融合了成熟葡萄酒的复杂细腻和浅龄酒的浓郁新鲜。平衡得非常好，依然顽皮，持久。甜味在逐渐褪去，但依然是一款非凡的葡萄酒，还处在巅峰期。1959（#73）在历经多年之后依然新鲜清爽，口感极佳。散发浓烈的陈酿香气、美妙果香和烟熏的气息，还有板岩、胡椒、绿茶、杏果干、青柠的芬芳。甘美口感，浓厚而辛辣，可以尝到一丝葡萄孢菌的苦味，在残留糖褪去后更加明显。收结处是洋甘菊和绿茶的雅致风味，沁人心脾。

2003 Scharzhofberger Trockenbeerenauslese（拍卖）

酒精度小于 6%，是一款杰出的 TBA 酒。呈现清澈的橙色，暗示惊人的浓度。香气极其浓烈，散发难以名状的纯净果香：杏果干、芒果、蜂蜜、蜂蜡和花卉的奇妙芳香。这就是 Scharzhof TBA 的精华所在。如蜂蜜般浓郁、厚重、香甜，又有最纯净的果味表达，明快成熟的酸度则带来神奇的平衡。在这款让人难以忘怀的不朽佳品中，能感受到真正的精巧与细腻。

1996 Scharzhofberger Eiswein#2

散发集中明确的香气，橙子干和杏子干的芳香，带少许蜂蜜和焦糖的风味。口感甘甜集中，十分清澈而明确，并再一次由生动刺激的酸度带来平衡。

伊慕 - 沙兹堡酒庄概况

葡萄种植面积：约 16 公顷
平均产量：80 000 瓶
地址：54459 Wiltingen

冯·开世泰伯爵酒庄 （Reichsgraf von Kesselstatt）

拥有超过660年历史的冯·开世泰伯爵酒庄是摩泽尔产区最传统的葡萄酒庄园之一，在摩泽尔、萨尔和鲁尔河谷最好的种植地都持有重要地块，拥有的头等园数量超过摩泽尔产区的任何一家酒庄。如果你只有一天的时间探索摩泽尔-萨尔-鲁尔产区，那么位于莫尔沙伊德（Morscheid）鲁尔河谷的玛丽莱堡（Schloss Marienlay）是一个好去处。

你不会见到伯爵家族的成员，但是除了现任庄主安妮格·雷-加特纳（Annegret Reh-Gartner）和丈夫格哈德·加特纳（Gerhard Gartner）之外，还有其他人出门相迎。那就是雷-加特纳的父亲巩特尔·雷（Gunther Reh），是他在1978年买下了这座庄园。十年后的1989年，雷-加特纳获选"高特米洛"年度最佳酿酒师。尽管距离退休还有很长一段时间，但雷-加特纳早已具备了获领终身成就奖的资格。在她近30年的酒庄管理生涯里，从未停止过可持续性创新和市场策略的开发脚步。

雷-加特纳做过的最重要的决定之一就是将葡萄园总面积缩小至36公顷，其中约12公顷坐落于最陡峭的斜坡和一级园（未来的头等园）。最知名的葡萄园包括摩泽尔产区的约瑟夫园（Josephshofer）独占园、班卡斯特医生园（Bernkasteler Doctor，约0.06公顷，产出令人印象深刻的头等园干酒，1.5升大瓶装）、棕山朱弗日晷园（Brauneberger Juffer Sonnenuhr，极好的头等园干酒2010）、比斯波特金滴园（Piesporter Goldtropfchen，出色的头等园干酒2010）和

拥有超过 *660* 年历史的冯·开世泰伯爵酒庄是摩泽尔产区最传统的葡萄酒庄园之一，拥有的头等园数量超过摩泽尔产区的任何一家酒庄。

温勒日暑园；萨尔产区的沙兹堡、维尔廷根哥特斯福斯园和维尔廷根棕福斯园（Wiltinger Braunfels）；还有鲁尔产区的神龛园（Kaseler Nies' chen）。

雷-加特纳酿造的葡萄酒都是经典的摩泽尔风格——清新华美但又浓烈复杂。但是，这并一定意味着半干型或自然甜型。她介绍说，由于气候的变化，顶级干酒的酿造也成为了可能。"我们尽量不去担心糖分水平和葡萄汁比重，尽管说起来容易，做起来就困难得多。保持我们葡萄酒的优雅和矿物特质并展现每个产地的独特个性，这更加重要。"

这个理念首先实践于葡萄园，管理它们的是葡萄栽培师克里斯蒂安·斯坦梅茨（Christian Steinmetz）。今天，大多数的葡萄藤都在金属网架中培形，用于头等园干酒的葡萄，产量控制在5 000升/公顷以下，清淡的珍藏风格葡萄酒则为6 000～6 500升/公顷。后者也产自头等园，但不会在酒标上体现，因为这个术语只允许更高头衔的葡萄酒使用。

沃尔夫冈·默斯特（Wolfgang Mertes）从2005年开始成为这里的酒窖主管。他全面接受了向雷司令干型酒转变的策略，还有关于风土和营销的理念：为每个产地、每个品质等级建立档案。他们的庄园雷司令RK、村庄级雷司令，还有头等园干酒都必须发酵成干型。

珍藏酒总是微甜的，但甜度不高，酒精度为8%～11%，残留糖分为20～40克/升，具体取决于出产的葡萄园。无孢菌的晚摘酒残留糖分为60～80克/升，酒精度为8%，现在的口感比几年前干了些。酒庄的精选、BA和TBA葡萄酒都是世界级的，可以尽情地表现自我。

顶级佳酿

（品尝于2012年1月）

Josephshofer

深厚的风化泥盆纪板岩土壤带来非常浓郁而强劲的葡萄酒，矿物味突出，值得陈年。

2010 GG

散发精致的果香。质地饱满、柔顺、高雅。这款浓醇的头等园佳酿，非常细腻雅致，柔滑、清新而平衡，口中还有蔓延的盐土味。

1999 Auslese（金帽周年纪念版）

呈现鲜黄色泽。香气高雅、浓郁又成熟，但还没到完全熟成的地步。很好地诠释了风土，展现草本植物的风味。口感刺激，富有活力，纯粹且复杂；十分雅致，很咸，回味绵长。这是对约瑟夫园风土的动人诠释，没有哪一款酒能与之媲美。尽管现在喝它是很大的享受，但是再放上二三十年会更好。

2002 Kaseler Nie'chen Spatlese

除了极具贵族气质的Scharzhofberger，这是冯·开世泰伯爵酒庄生产的另一款最具矿物特质的葡萄酒。色泽清澈，香气明快、雅致，具辨识性，散发香甜草本和矿物的芬芳。入口十分爽利，几乎干型，由活泼但精致的酸度推动，还有绵长的盐土味。结构很好，还比较稚嫩。

2009 Scharzhofberger GG

散发灿烂高雅的香气，极富贵族气息。入口十分雅致，紧密交织，酸度精致。呈现多重水果的口感，很好的平衡，味咸。这是一款美味的葡萄酒。

冯·开世泰伯爵酒庄概况

葡萄种植面积：约36公顷
平均产量：180 000～220 000瓶
地址：Schloss Marienlay，D-54317 Morscheid
电话：+49 6500 91690

露森酒庄（Weingut Dr. Loosen）

六座头等园，只有一个葡萄品种雷司令，还有什么？两种风格：干型的特别优质酒和甜型的特别优质酒。与大多数的德国人不同，恩斯特·露森（Ernst Loosen）喜欢一切从简，当然，葡萄酒本身除外。作为摩泽尔产区的酿酒名家和德国优质葡萄酒的世界推广大使，露森在艾登 [教士园（Prälat）和天阶园]、乌兹格（香料园）、温勒（日晷园）、格拉齐（仙境园）和班卡斯特（雷伊园）拥有葡萄园，陡峭、岩石丛生，部分修建成梯田。多数葡萄藤都未做嫁接，扎根不同颜色的风化板岩土壤 60 ~ 100 多年。葡萄园内几乎都是有机作业，产量保持在低位。这些葡萄园早在 1868 年就已经被归类为一级园，如今可生产头等园干酒和品质卓越的特别优质酒。

露森说，他喜欢酿造"强劲而且集中的葡萄酒"，"入口美味，能骄傲地宣告自己的产地"。令他特别引以为豪的产地是一片风景如画的区域，位于班卡斯特和艾登之间；仅仅几千米的地界上，就有一个接一个的葡萄园聚集在此。这种盛况始于罗马时代：罗马人征服了这里，并开始在岩石丛生的斜坡上栽培葡萄藤。虽然葡萄园之间离得很近，却差异极大，尤其是各自的土壤。

这片区域上最著名的就是甜型的特别优质酒，露森出口的葡萄酒几乎都集中在美味的珍藏、晚摘和精选葡萄酒上；干型酒只占其中的 2%。尽管如此，凭借在瓦亨海姆镇法尔兹的 JL 狼园酒庄超过十年的雷司令干酒酿造经验，露森从 2008 年开始还是将大量精力投入到摩泽尔干酒的升级上：购入 1 000 升和 3 000 升的新桶，让头等园干酒酒糟陈酿 1 年。

露森相信，与甜葡萄酒相比，干葡萄酒

上图：露森酒庄是恩斯特·露森的总部，虽然大多数时间他都在周游世界

能更清晰地反映风土特色，因为既没有主要果味，也没有甜味能盖过其真实的本性。他还说，要打造一款酒精度不超过 12.5% 的干白葡萄酒佳作，极富挑战性。他补充说道："摩泽尔产区一直能生产酒精度低，但风味强劲且矿物味惊人的经典葡萄酒。实现这份独特的潜力也是我们的使命。"

为此，露森致力于挽救这种经典的珍藏酒风格，把它形容为摩泽尔产区"特有"。"一款珍藏酒必须清澈、轻盈、清新，矿物味突出，口感刺激，好似在口腔中优雅起舞。"

根据露森所说，如今酿造一款纯正的珍藏酒要比生产精选酒，甚至逐粒贵腐精选

酒，更加耗费人力，也更加昂贵。他说："我们必须非常仔细地挑选合适的葡萄，它们必须有 100% 健康的浆果，葡萄汁含糖量不超过 81 ~ 82°，且酸度爽脆。这太疯狂了，过去我们挑选葡萄来获得更高的葡萄酒含糖量，但是现在由于气候变化，我们要为珍藏酒挑选葡萄。"

露森相信，一款酒的易饮性是其最重要的资本，他认为在开花和收获之间，100 天左右（不会超出太多）的悬挂时间依然是一个合适的跨度。

顶级佳酿

Erdener Treppchen
很久之前，他们在葡萄园的陡峭山坡上修建石阶以帮助工人够到葡萄藤。这些铁含量极高的红色板岩土壤孕育出结构坚实、富有矿物个性的葡萄酒，后者在中摩泽尔地区十分抢手。瓶中陈酿几年能很好地发展潜力，即便是精选酒也不例外。

2010 Riesling Kabinett [V]
我以为这种轻松葡萄酒的时代已经过去了。这款珍藏酒非常美味：花香四溢，如沐春风，有泥土味，少许法国孔得里约（Condrieu）的气息。有何不可？汁液感强，饱满圆润，果味很浓，颇为强劲，在辛咸余味中完美平衡，平添生气。这是一款接近完美的珍藏酒，清爽，矿物味突出，令人振奋。

Irdener Prälat
这是一座完全朝南的佳酿园，占地 1.5 公顷，有着风化的红色板岩土壤和 55% ~ 65% 的坡度。葡萄园的朝向，加上河流的升温效应和周围厚重的蓄热峭壁，可以保证每个年份的葡萄都特别成熟。此处生产的葡萄酒高雅、浓烈、集中且层次丰富。

左图：顽皮爱狗的恩斯特·露森，正在尽其所能保护着摩泽尔珍藏酒的经典风格

2009 Riesling Alte Reben GG
香气复杂浓厚；深远、强劲（颇具热带水果个性）的果香，伴着花香和细微的泥土味，太棒了。口感饱满、圆润复杂、回味悠长，辛辣且带有咸味；强劲又不失精细，让人印象深刻。质地绵软，酒精度（13%）、残糖量和矿物酸度达到巧妙的平衡。最好等到 2016 年再喝。

2009 Riesling Auslese（长金帽）★
高雅浓郁的果味。浓郁、饱满而集中，多汁柔滑，又不失新鲜、辛辣，绵长迷人的盐土味鼓动着你的饮酒兴趣。这款非凡又昂贵的精选酒，要是能再放上几十年会更好。

Wehleier Sonnenuhr
这里是德国最知名和最优秀的葡萄园之一，因优雅复杂的雷司令而得名。极为陡峭，岩石丛生，这座朝南的葡萄园几乎没什么表土，全是最纯质的蓝色板岩，赋予葡萄酒纯净雅致的酸度，来平衡成熟多汁但精致的果味。露森形容一款典型的 Wehleier Sonnenuhr 酒是"一名极富贵族气质的迷人舞者"。由于田亩归并，他原本的 186 个地块在 2011 年归并为 10 个。

2010 Riesling Spätlese ★
这款葡萄酒的香气注定一流而悠长；清澈，散发鲜亮水果的风味，还有夏季里温暖（蓝色或灰色）板岩瓦上蒸发的雨滴气息。这是那种在你口渴时喝它，却越喝越渴的葡萄酒。纯净，矿物味突出，辛辣，是摩泽尔产区的招牌式雷司令，酒精度只有 7.5%。现在到之后很长的一段时间都能喝它。

露森酒庄概况
葡萄种植面积：约 16 公顷或 22 公顷
平均产量：190 000 瓶
地质：St Johannishof 1, 54470 Bernkastel
电话：+49 6531 3426

JJ 普朗酒庄（Joh Jos Prüm）

　　尝一口来自 JJ 普朗酒庄的雷司令葡萄酒，就像是在享受心灵与思想的春天。这些散发独特花香的葡萄酒，产自班卡斯特、拉格齐、温勒和塞尔廷根的顶级葡萄园，在轻盈、精细、雅致的同时，最重要的是极具活力，近一个世纪以来，为辛辣微甜的摩泽尔葡萄酒树立了一个风格典范。不论你的心情如何，只要手中有一杯普朗葡萄酒，眼中的世界似乎都变得更加美好。

　　换句话说，JJ 普朗酒庄的葡萄酒能够把专业冷静的酒评家变成快乐的美食家，我怀疑这就是他们的初衷。当你获邀在这座地处温勒地区的庄园里与家族分享感受时，你会发现，你是在喝酒而不是在品酒，每瓶酒都没有提示年份，喝完一瓶后才能打开另一瓶。如果询问亲切的曼弗雷德·普朗博士的人生哲学，他回复你的往往是一个温和的微笑、一个眨眼，然后举起手里的酒杯，仿佛在说"为了带来快乐"。

　　JJ 普朗酒庄始于 1911 年，源自一家经营多年的酒庄（今天的 SA 普朗酒庄）的内部分割。在 3 代的传承中，JJ 普朗酒庄发展了自己的 X 因素——纯净、细腻、迷人与无限的活力。自 2003 年起，1969 年执掌酒庄的现任主人曼弗雷德·普朗博士开始和女儿卡塔琳娜·普朗博士（Katharina Prüm）一起工作。葡萄酒的风格依然没有改变。

　　尽管家族拥有众多葡萄园，但说到产量、质量和风格，格拉齐仙境园（约 8.5 公顷），特别是温勒日晷园（约 7.5 公顷），占据着最重要的位置。仙境园出产十分清澈华美、活泼跳跃的雷司令，日晷园则带来最满足、雅致、复杂与标志性的葡萄酒，与庄园有着千丝万缕的联系。在这片陡峭尤其崎岖的朝南和西南的种植区，大多未嫁接还被绑在杆上

做培形的葡萄藤，将根部深深扎入久经风雨的蓝灰色板岩土壤。园内基本实行有机栽培，以培育健康均衡的葡萄藤为目标。卡塔琳娜告诉我，产量会保持在"不太高也不太低"的水平。她更倾向于漫长的成熟期来增强浆果的香气。葡萄的采收总是开始得比较晚，最先采摘的是用于酿造珍藏酒的葡萄，这款轻盈爽脆的珍藏酒在酒庄备受宠爱。

　　卡塔琳娜通常会对葡萄酒不同头衔加以强调，不是根据品质而是根据风格。所有的葡萄酒都拥有完美的残糖量水平；清新活泼，

品尝一口来自 JJ 普朗酒庄的雷司令葡萄酒，就像是在享受心灵与思想的春天。这些产自温勒和拉格齐的顶级葡萄园散发独特花香的葡萄酒，以一种独特的方式将轻盈、精细、雅致与活力完美结合。

酒精度低，能够与任何食物搭配，即便是标准的精选酒也不例外。金帽封瓶（简称 GK）的最细腻的精选酒，或是长金帽封瓶（简称 LGK）的精选酒精品，口感更加浓醇集中，与甜点或奶酪搭配十分可口。正是这些葡萄酒为酒庄带来了很高的名望，它们在每年一度的特里尔葡萄酒拍卖会上能拍出极高的价格。只有当条件完全契合，酒庄才会生产 BA 和 TBA 葡萄酒。尽管除了最富有的收藏家，BA 和 TBA 葡萄酒的价格对普通人来说是天价，但是人们还是可以在拍卖前的品鉴会上

上图：曼弗雷德·普朗博士和女儿卡塔琳娜·普朗博士，他们的家族庄园拥有悠久的传奇佳酿制作历史

一尝这些顶级葡萄酒的滋味。

在过去，JJ 普朗酒庄的葡萄酒在年轻期时可以很封闭，拒人以千里之外，即使葡萄酒行家也难以欣赏其全部的潜能。这主要是由于还原性酿酒加上自然发酵（而不是大家误以为的过多加入二氧化硫）。但是，过去十年一系列格外温暖成熟的年份，也带来了更加浓醇多汁的葡萄酒，也更容易获得。

即便如此，普朗酒庄的葡萄酒依然不是作为浅龄酒来饮用的。它们惊人的饮用寿命意味着不仅能保持新鲜易饮的状态，还能经历多个成熟阶段。其特点是：甜味和果味强度的降低，矿物辛辣味和干型口感的增强。即使是一款珍藏葡萄酒，也最好在收获 5 年后再打开，当然，20 年后饮用还是依然美味。晚摘酒可以轻易陈酿 30 年，金帽封瓶的精选葡萄酒更是可以在三四十年后饮用。BA 和 TBA 葡萄酒可陈酿 50 年以上，以一种无与伦比的方式将浓醇饱满与细腻活力相结合。

卡塔琳娜说："喝我们的葡萄酒之前最好先醒酒，不论你是喜欢浅龄酒还是成熟的葡萄酒，根据葡萄酒和年份的不同，可持续 15 分钟、3 ~ 4 小时，甚至一整天，这样能显著提升葡萄酒的口感。最关键的是，要保持醒酒瓶的凉爽。"

顶级佳酿

（品尝于 2012 年 1 月和 2010 年 9 月）

2007 Wehlener Sonnenuhr Riesling Kabinett ★

呈现白黄色泽。醇香雅致，散发完全成熟的雷司令葡萄芬芳，依然新鲜轻柔，带少许板岩的气息。刚一入口，原味突出但精致。丰满柔和的果味，甚是成熟；饱满、精致而辛辣，带着动人的岩土味。轻盈，甜度适中，有纯净的葡萄风味，以及美味、和谐、满足的细腻口感。

2004 Wehlener Sonnenuhr Spatlese

来自一个较为凉爽常常被低估的年份。这款葡萄酒呈现明亮的白金色泽。香气明确，清新而雅致，散发柔和果香，还有淡淡的板岩气息和草本香气调味。前端原味突出；轻盈、清澈、明快；矿物风味惊人。甜味适中，给这款紧实辛辣的葡萄酒带来了迷人的果味和多汁的口感。十分雅致纯净，颇为直接，紧致悠长。还有发展的空间。

2009 Wehlener Sonnenuhr Spatlese（拍卖）

散发清澈且十分精致的陈酿香气，以及花香味。在紧实又辛辣纤细的结构下，呈现令人满足的醇厚口感。十分雅致，展现精妙细腻的果味。

1995 Wehlener Sonnenuhr Riesling Auslese

颜色呈金黄色。多汁、雅致且充满生气，展现板岩的辛辣矿物味，甜味适中。这是一款轻盈欢乐的精选酒，呈现持久的盐土味和浓烈果味。醒酒数小时后再饮用会更加美妙。

Wehlener Sonnenuhr Riesling Auslese（拍卖）

散发细腻的水果芳香，有着高雅的板岩风味，非常精确。入口美妙，柔和的甜味完全被辛咸的矿物味和淡雅的原味分解。完美平衡且非常优雅，极具 JJ 普朗酒庄的风格——高雅迷人，让人上瘾。

2003 Wehlener Sonnenuhr Riesling Auslese GK ★

散发洋甘菊和薄荷的芳香。口感十分浓醇、甘甜而雅致，如同一条安静的长河流过河床，桀骜不驯，还能持续好几十年。

1994 Wehlener Sonnenuhr Riesling Beerenauslese（拍卖）

这是一款宏伟壮阔、极其高雅的 BA 酒，呈现难以解释的雅致与细腻。香气非常清澈、精确，口感亦如是。极为明快，让人心生愉悦。

JJ 普朗酒庄概况

葡萄种植面积：约 20 公顷
平均产量：180 000 瓶
地址：Uferallee 19, 54470 Bernkastel-Wehlen
电话：+49 6531 3091

范·佛克森酒庄（Weingut Van Volxem）

"**轻**盈、芳香、和谐、有益身心"，罗曼·涅沃德尼赞斯基（Roman Niewodniczanski）总是永不厌倦地强调着这些令萨尔葡萄酒与众不同的特性。涅沃德尼赞斯基说："我们肩负酿造最优秀雷司令的传统和责任，并且这些葡萄酒不能是干型。"

涅沃德尼赞斯基的曾祖父是德国碧特博格（Bitburger）啤酒厂的创始人，他本人则是一名狂热的葡萄酒爱好者。在他的兄弟扬（Jan）担任酿酒厂的生产总监时，罗曼则希望重现萨尔雷司令葡萄酒的辉煌，后者在 20 世纪备受推崇，比波尔多一级园葡萄酒的售价还高。涅沃德尼赞斯基说："那些葡萄酒既不是完全的干型，也不是完全的甜型，而是介于两者之间，不过尝起来的味道却是相当干。它们迷人的个性是由产地和年份界定的，并非那些分析数据。萨尔雷司令的酸度和矿物味都十分明确突出，需要一些残留糖分来取得平衡，并将我们独特的风土反映在葡萄酒的口感中。"

罗曼希望重现萨尔雷司令葡萄酒的辉煌，后者在 20 世纪备受推崇，比波尔多一级园葡萄酒的售价还高。

为了了解哪些种植地曾在萨尔葡萄酒辉煌的过去中占据重要地位，涅沃德尼赞斯基查阅了一份 19 世纪的普鲁士税收地图。它清楚地标明了那些最好的葡萄园，很多都已经在 20 世纪被人遗忘。2000 年，家族购买并修复了范·佛克森庄园。此后，罗曼开始"收集"那些风光不再的知名种植地，全都是陡峭的板岩斜坡。在最终实现酿造萨尔头等园佳酿的美好愿景之前，他投入了极大的热情并花费了可观的费用来修复这些葡萄园。

短短 10 年间，他将葡萄种植面积扩大到 42 公顷左右，包括享有声誉的头等园，比如位于坎策姆的老山园；位于维尔廷根的沙兹堡、福尔茨园（Volz）和哥特斯福斯园；还有位于瓦韦尔恩（Wawern）的金山园（Goldberg）。后者是一座约 14 公顷的佳酿园，原分属于几个不同的酿酒商，现被涅沃德尼赞斯基全数收入囊中。仅 3 公顷的雷司令老藤被原封不动地保留，其余都被完全拔除，因为之前种植的都是"垃圾品种"，比如丹菲特、米勒-图高和克尔娜。"这里就像一座不受管制的垃圾倾倒场，我们需要把所有垃圾清除出去。推土机重整了一切，包括某些地块的朝向。我们还买了好几卡车的堆肥来为新植株的栽培预备土壤。"据涅沃德尼赞斯基介绍，其他种植地的许多地块拥有相当悠久的历史，有些还生长着根瘤蚜灾害时期之前的未嫁接葡萄藤，最大年龄 130 岁。酒庄连 15 万瓶庄园雷司令都是取材自至少 30 年历史的葡萄藤，老藤（Alte Reben）则指的是 50 年及以上的葡萄藤。

葡萄园里实行有机栽培的方式，照料葡萄藤的工人多达 45 名。因为涅沃德尼赞斯基在酿造每一款葡萄酒时都采用非常传统的方法，并且不使用任何添加剂，所以他需要的是健康且充分成熟的金黄色葡萄，并且对佳酿酒来说，葡萄汁含糖量最多不能超过 100°。因此，他没有用克隆品种完成葡萄园的再种植，而是使用菁英选择得来的新植株，后者来自萨尔谷和摩泽尔谷地区最年老的葡萄藤。这些自然低产的葡萄藤有很大一部分结出的是宽松的果串和小如豌豆的果实。葡萄采收总是非常晚（10 月和 11 月），并且挑选极为严格。

到了酿酒厂，葡萄还要在分拣台上再接

受一次检验。上次参观酒庄时，我看到十来个工人在那里挑选葡萄，逐一甄别，逐一分类。葡萄浸渍几小时后，用一台气动压力机或高科技的大型篮式压榨机压榨葡萄汁。静置沉淀后，与天然酵母一起在不锈钢容器或120 ~ 2 400升橡木桶中发酵；橡木来自家族在埃菲尔地区（Eifel）约5 000公顷的森林。杜绝任何添加剂的使用，因为涅沃德尼赞斯基的目标是酿造正宗的萨尔葡萄酒。发酵过程可持续数月，酒糟陈酿直至涅沃德尼赞斯基和酒窖主管多米尼克·沃尔克（Dominik Völk）决定换桶。木桶发酵的头等园酒通常在（未澄清）装瓶前就被一抢而空。庄园酒则在发售后不久即告售罄。

虽然范·佛克森酒庄雷司令的味道完全不同于伊慕酒庄的雷司令，但品质极高。散发的陈酿香气令人想到成熟的黄色水果，如桃、杏、百香果和木瓜。整支葡萄酒尽显板岩的特质和不同产地特有的个性。特别优质酒少而精美，微妙、刺激、辛咸，极为强劲。头等园酒在年轻期饱满、成熟、浓烈，质地绵软，又不失纯净、辛辣，还有矿物的风味。它们的口感可能不如你预期的那样甜，但凭借10% ~ 12%的酒精度和9 ~ 14克/升的含糖量，又不像你想象的那么干。如果你能幸运地得到几瓶他们的佳酿酒，至少存放5 ~ 6年，等待这些葡萄酒变得更加独特与复杂，带来更大的饮酒乐趣。

顶级佳酿

2010 Altenberg Alte Reben

香气浓厚复杂又不失清澈，散发泥土和花卉的芬芳。口感饱满柔顺，但结构紧实，复杂。雅致而充满活力。辛辣的原味和惊人的矿物味让它的口感更显干涩；有一天会成长为一款美味可口的餐酒。

2010 Gottesfuss Alte Reben

取材自1880年的葡萄藤。香气十分浓郁集中，纯净的雷司令葡萄，充分成熟又很精细，有花香和辛香味。入口强劲多汁，浓厚、辛辣、紧实，又不失细腻与雅致。收结处有惊人的咸味，余韵极悠长。

2010 Goldberg

香气精妙又强劲，辛香成熟的金色雷司令，蒙上一层淡淡的酵母气息。入口饱满多汁，结构不错，辛辣爽利，有很好的回味。

（品尝于 2010 年 6 月）

2004 Scharzhofberger P

取材自 Pergentsknopp 地块。香气清澈、成熟而深厚，散发泥土、花卉和草本般的板岩芬芳，结合橙子和煮熟的桃子的果香。口感高雅、完美平衡、质地绵软，还不失精妙、细腻与雅致，收尾处是余韵不绝的盐土味。非常复杂，正开始展现全部的实力。

范·佛克森酒庄概况

葡萄种植面积：约 42 公顷
平均产量：220 000 瓶
地址：Dehenstrasse 2,54459 Wiltingen
电话：+49 650 116 510

克莱布施酒庄（Weingut Clemens Busch）

克莱·布施像轻盈的羚羊一样在石头梯田间跳跃。他想向我展示这些紧密种植的葡萄藤背后的风土，这是他的灵感来源和家人生活的基础：普德荷西镇玛丽安堡（Pündericher Marienburg）的心脏位置，是摩泽尔产区最获优待的葡萄园区之一。

在这里，你会看到由克莱·布施和妻子丽塔（Rita），以及他们的儿子弗洛里安（Florian）一起耕种的约13公顷土地中的10公顷。土壤以灰色板岩为主，几乎包括了穿越普德荷西河的整个山坡；1971年起，还令人颇为好奇地加入了摩泽尔河右岸村庄周围的无板岩平地。最初的玛丽安堡朝向南和东南，最陡处坡度70%。这里岩石丛生，被分为多个地块，且大多修筑为梯田。

要耕种这些葡萄园，种植者需要付出很多。光是建造这些极小的梯田地块就需要花费心血、汗水和泪水。机器虽然能分担一部分工作，却不可以在玛丽安堡使用。从经济角度上说，在这里栽培葡萄藤，充其量只能勉强获得微薄的盈利，而他们坚持生物动力栽培方式的做法又让成本更趋昂贵。

相较于传统方式，生态栽培的葡萄藤需要种植者更多的关注，尤其是在气候状况的稳定性远低于莱茵河谷地区的摩泽尔产区。在平常的年份里，克莱·布施每隔7～10天（潮湿年份则时间更长）会上山喷洒生物制剂，特别是花草茶来对抗真菌疾病。

克莱对纯正葡萄酒的坚持体现在：他把玛丽安堡分成不同的风土地块，就像1971年之前的做法那样，由几座小型独立园组成。单独命名是绝对合理的，多年来，克莱发现产自玛丽安堡不同位置的葡萄酒味道十分不同。

为了强调这些差异，玛丽安堡有约5公顷的土地被VDP协会列为头等园，每块地的葡萄都是单独采摘、发酵和装瓶，并在酒标上沿用老的命名。

- 蓝板岩园（Fahrlay）：土壤以蓝色板岩为主，产出集中、辛辣、矿物质味突出的雷司令葡萄酒。
- 灰板岩园（Falkenlay）：在玛丽安堡的阴凉处，葡萄藤的根部深入灰色板岩土壤，带来口感浓醇的干型或半干型雷司令葡萄酒，矿物味精妙，产出最好的精选酒或更高头衔的特别优质酒。
- 老灰板园（Raffes）：选自灰板岩园最老的梯田，风景壮丽，产出的葡萄酒尤为紧实、浓厚且复杂。
- 红板岩园（Rothenpfad）：一处占地约1.1公顷的地块，几年前经重新种植，但还有众多很古老的葡萄藤。红色页岩土壤带来尤为辛香可口的头等园干酒，以及更轻盈的庄园酒红板岩雷司令（Riesling vom roten Schiefer）。
- 玛丽安堡园（Marienburg）：玛丽安堡一级园的最初区域（将很快改名为头等园），土壤以灰色板岩为主，产出强劲且极复杂的雷司令葡萄酒，比如取材自最老藤的头等园干酒，或它的副牌酒灰板岩雷司令（Riesling vom grauen Schiefer）。

这个举止优雅的家庭主要酿造雷司令葡萄酒，重点是酒体醇厚、表现力出众的干型或半干型头等园酒，直至11月才采收，以深厚浓郁的口感和复杂的矿物味见长。甜型和贵腐甜型的特别优质酒，从珍藏酒到逐粒干葡贵腐精选酒，也有所涉猎。虽不是重点，但他们的精选酒和更高头衔的特别优质酒绝对拥有世界级的品质，尤其是极高贵、明确又精妙的各种迷你佳酿园精选。它们十分稀

上图：克莱·布施和妻子丽塔、儿子弗洛里安，实行有机栽培的方式来展现复杂的风土

少且相当昂贵，特别是迷人、强劲、极为精致的金帽葡萄酒。所有葡萄酒都自然发酵数月，容器大多选用传统的 1 000 升 Fuder 桶。装瓶前不做澄清，9 月发售。

顶级佳酿

Marienburg Felsterrasse

酒庄最令人陶醉的葡萄酒之一，也是德国最好的干型、半干型雷司令酒之一。数量稀少。取材自一个荒凉的小梯田地块，非常古老的葡萄藤（至少 75 岁，其中大部分未做嫁接）扎根于亮灰色板岩土壤，铁含量丰富，比玛丽安堡其他地区的土壤分解程度少得多。连参观都有难度，更不用说是在那里培育耕作葡萄藤了。这款雷司令葡萄酒总是一如既往的深厚、集中，又不失浓烈的矿物味，非常雅致。

2010 ★ 的表现十分愉悦。带着少许未发酵的糖分，达到美妙的平衡，现在就很适合饮用，不过瓶中陈酿后会越发复杂。

2009 ★ 浓醇、多汁，又很纯净、明确、辛咸，好似一块熔化的岩石，只是更精妙复杂。

Marienburg Raffes

这款高度复杂的雷司令葡萄酒需陈酿数年来充分发挥潜能，年轻期饮用则需醒酒一段时间（至少 1 天左右）。极其罕见且相对昂贵。

2010 ★ 香气清新活泼，散发草本芬芳。口感明确、多汁而优雅，又很辛辣浓厚，结构紧实。相比 Felsterrasse 酒，味更干、更锐利，但是从数据上分析，它的酒精度更低（13.5%，而不是 14%）。品质卓越，陈酿潜力巨大。

2008 ★ 明显比 2009 更清新、酷爽、辛香。不过，它也十分浓厚复杂，呈现十分淡雅的板岩风味，盐度与 2009 不相上下。这是一支雅致而精妙的葡萄酒，绵长的矿物风味令人印象深刻。卓越之作。

克莱布施酒庄概况

葡萄种植面积：约 13 公顷
平均产量：80 000 瓶
地址：Kirchstrasse 37, 56862 Pünderich
电话：+49 654 222 180

179

哲灵肯酒庄（Weingut Forstmeister Geltz-Zilliken）

在一片约 11 公顷的土地上，汉斯 - 约阿希姆·哲灵肯（Hans-Joachim Zilliken）有个更为人熟知的名字叫汉诺（Hanno），酿造多种风格的典型萨尔雷司令葡萄酒。除了一款例外，即奥克芬波克斯坦（Ockfener Bockstein），其余都产自一流的萨尔堡劳施葡萄园（Saarburger Rausch），属于德国最高级别的葡萄酒。在大区级和萨尔堡村庄级葡萄酒（全部酿成干型、半干型和甜型）之后，是劳施头等园干酒和它的半干型版本灰绿岩酒（Diabas），最后是哲灵肯酒庄的巅峰之作——甜型和贵腐甜型的特别优质酒，品质无可比拟，尤其是晚摘和精选。

受训于盖森海姆的多萝茜·哲灵肯（Dorothee Zilliken）说："我们的目标是酿造精细度和轻柔度最高的雷司令葡萄酒。"她从 2007 年起加入父亲的酒庄。而他们也的确做到了这一点，尽管哲灵肯葡萄酒的果味和甜味极其浓郁集中，却依然轻柔，几乎没什么重量感，收尾处总是一派诱人的清新。

这座保护完好的朝南和西南的陡峭葡萄园，坐落于萨尔堡村庄正北部的萨尔河支流上，哲灵肯酒庄持有其中约 10 公顷的土地。与众不同的土壤是这里的最大特色：饱经风霜的泥盆纪灰色板岩和占很大比重的绿色火山岩，被称为灰绿岩（Diabas）。多萝茜说："灰绿岩为劳施园葡萄酒带来了特别的雅致、细腻、精准和显著的酸度。"

的确，哲灵肯葡萄酒的酸度刚健有力，很是惊人，但处理得非常细腻，给人一种酣畅淋漓的痛快之感。除此之外，还有其他，一种独特的风味，虚无缥缈，好似一座黑暗而潮湿的森林散发的冷冽气息。当汉诺把我带到地下三层参观他的酒窖时，我立刻就认出了那种挥发性的气味。在那一刻我明白了，

塑造汉诺哲灵肯雷司令的不仅仅是劳施园的风土和一丝不苟的栽培。这个清凉潮湿的酒窖（一直保持 10℃ 的温度和 100% 的湿度），近乎神秘的格调氛围；为数众多的德国深色 Fuder 酒桶，用于葡萄酒的（多数自然）发酵和陈酿；还有一排排装有较早年份的葡萄酒瓶，也在塑造葡萄酒风格方面发挥了作用。

汉诺说："随着葡萄酒的陈年，甜味的强度会减弱，烟熏的气息则越发突显，矿物味也会加深。甜度和酸度相融成一个均衡的整体，新的元素则开始破土而出。最终，葡萄酒呈现近乎干的口感。只要酒体和浸出物能平衡成熟的香气、甜度和酸度，那么葡萄酒就一直是鲜活的。"

在品尝 20 世纪 90 年代初或更早年份的成熟葡萄酒时，我发现了一些已经缺失在新年份葡萄酒里的元素，后者在年轻期时更加浓醇、圆润，也更讨喜。这或许是随着酒龄增长而发生的变化，但是在我看来，劳施园于 1999 ~ 2008 年期间实行的土地合并和再分配也对葡萄酒产生了一定的影响。哲灵肯家族在当时不得不对约 7 公顷的土地进行重新种植，剩下约 3 公顷依然栽培着 50 ~ 100 岁的葡萄藤。他们还开始将葡萄藤缠绕在金属线而不是柱子上做培形。加上气候变化的影响，也许就带来了酒庄葡萄酒在风格上的细微转变：更加浓醇且更具热带风情，只是原来的清冽新鲜和丝滑灵动会略有缺失。

顶级佳酿

（品尝于 2012 年）

哲灵肯酒庄的雷司令葡萄酒向来都是鲜艳灿烂的，辛辣但精致的酸度和延绵不绝的盐土味是它们的特色，为葡萄酒带来惊人的寿命和越发饱满的多层次口感。

上图：汉斯 - 约阿希姆·哲灵肯和他的女儿多萝茜，从萨尔产区首屈一指的顶级种植地出产灿烂而稀少的葡萄酒

2010 Saarburger Rausch Spätlese ★

色泽明亮。以晚摘酒的身份面市，实则是一款丰美诱人的精选酒。香气十分的清澈、活泼而爽利，散发葡萄干和菠萝等热带水果的明确芳香。口感极为清晰且浓厚，辅以生动明快的酸度和绵长的辛咸结构。浑然一体、浓郁醇厚，仍不失轻盈的诱人之资，很好的平衡。让人欲罢不能。

1997 Saarburger Rausch Spätlese ★

淡淡的绿色，闪耀着白金色的微光。醒酒之后的这款成熟美妙的雷司令葡萄酒，散发雷司令葡萄充分成熟的芳香和哲灵肯酒窖独有的幽远香气，伴随少许焦糖的气息。口感芳醇甘甜，但比现在的2010年份酒更干。非常雅致精妙，有着辛辣紧致的单宁和细腻却依然生动刺激的酸度，完全融化在上好的果肉中。呈现诱人的辛辣味。是一款完美的餐酒。

2010 Saarburger Rausch Auslese

香气浓厚、强劲，颇具热带风情；卓越上乘。非常多汁，饱含矿物味，呈现浓郁集中的水果质地。这是一款振奋人心的精选酒。

2010 Saarburger Rausch Auslese GK ★

香气十分清澈纯净，且辛辣精致。尝上一口，酒液似在舌尖起舞，展现迷人的细腻与优雅。尽管浓度和甜度都比较高，但质感如丝般顺滑。收尾辛辣，伴随绵长的咸味，极其开胃。上乘之作。

2003 Saarburg Rausch Trockenbeerenauslese（拍卖）★

这是一款精细且高雅的 TBA 酒，散发新鲜的热带水果芬芳。非常甘甜，浓醇雅致，质地黏稠，同时又不失明快和辛辣。还有陈酿几十年的巨大潜力。令人难以忘怀。

哲灵肯酒庄概况

葡萄种植面积：约 11 公顷
平均产量：60 000 ～ 70 000 瓶
地址：Hecking Strasse 20,54439 Saarburg
电话：+49 6581 2456

弗里茨海格酒庄（Weingut Fritz Haag）

曾经有人问威尔海姆·海格（Wihelm Haag），如何界定一款伟大的雷司令？他离奇却生动的回答向我们透露了很多关于他本人和其葡萄酒的个性："当你想在一款雷司令葡萄酒里沐浴的时候，它就是伟大的雷司令。"海格用近50年的时间，将弗里茨海格酒庄一手打造成世界最杰出的雷司令生产商之一。他那些迷人的葡萄酒来自棕山地区的朱弗头等园和朱弗日晷头等园，呈现无可比拟的清澈、细腻、纤弱和雅致，还有一如既往的青春活力。尽管海格于2005年正式退休，并将酒庄交托给小儿子奥利弗（Oliver）打理，他的大儿子托马斯（Thomas）经营着隔壁村庄的丽瑟堡酒庄，但所幸地是，他依然是这个家族酒庄的一员。不过，他的存在并没有成为奥利弗的束缚，后者正努力延续着这份家族传奇，凭着极大的热情、清晰的思路，对全球市场、气候变化等需求表现出令人钦佩的灵敏度，辅以自己的发现和喜好。

从威尔海姆到奥利弗，弗里茨海格酒庄的葡萄酒像极了维也纳古典音乐从海顿、莫扎特到贝多芬、舒伯特的转变。依然出自同一个家族，只是风格越发现代：更成熟、饱满、耐嚼，更浓烈、强劲且复杂。十年前的威尔海姆曾认为，在棕山地区出产雷司令干葡萄酒是"一项不可能完成的任务"，但如今的他告诉我，（可能有些夸张）酒庄目前生产的葡萄酒有60%～70%都是干型葡萄酒。这是由多个原因促成的，比如气候变化、树冠管理等现代栽培手段、更长的悬挂时间，还有更好的挑选：采收团队人数更多，每批葡萄被拣选2～3次。几乎所有的葡萄藤都被缠绕在金属线上，以便人工和机器更方便的采摘。不过，最重要的一点，据奥利弗说，是叶子和果实之间的平衡得到了进一步的改善。

酒庄的葡萄酒种类齐全，从一般的庄园雷司令酒，到头等园干酒，以及所有头衔的特别优质酒。那些用金帽封瓶的高辛烷值葡萄酒往往能在特里尔的年度拍卖会上拍出最高的价钱，它们在葡萄酒的世界里是最美妙、最神秘的存在。

不过，你并不一定非得花上一大笔钱来享用他们的美酒。用朱弗园（家族持有其中的6.5公顷）和朱弗日晷园（约3公顷）的葡萄酿造的珍藏酒和晚摘酒同样有你想要的成熟度、风味与纯净度的独特组合。约10.5公顷的朱弗日晷园位于约31.5公顷的朱弗园的中心地带，多岩石，最高坡度达到惊人的80%。浅层的多石板岩土壤和凹陷坑地为成熟、风味饱满、结构上呈现矿物特质的葡萄酒创造了一个特别的微气候。朱弗园的土壤则更加厚重，因此与日晷园相比，这里出产的葡萄酒在精细度和层次感方面略逊一筹，但依然是品质上乘的葡萄酒。

顶级佳酿

Brauneberger Kabinett [V]

这是我个人最喜欢的一款弗里茨海格葡萄酒，每次还来不及多做思考，手中的酒杯就已经先空了。它取用的是产自两座佳酿园（朱弗园和朱弗日晷园）的成熟葡萄，但是在糖分完全转变成酒精之前就停止发酵，从而带来这款轻盈、新鲜、雅致的半干型葡萄酒，呈现辛辣的板岩味和浓烈的水果味，还有活泼跳跃的爽利风味。

Brauneberg Juffer Sonnenhur GG

这款头等园干酒可以十分浓醇、厚重且强劲；2010还需要两三年的时间来摆脱法尔兹产区葡萄酒的类似气质。2009则是一款明亮、芬芳且精细的葡萄酒，展现细腻又强劲的雷司令香气，清亮通

上图：威廉海姆·海格和他的小儿子奥利弗，后者让这座知名庄园的葡萄酒往更干的方向发展

透的质地，还有醉人的纯净口感。回味非常持久，有极好的陈年潜力。

Brauneberg Juffer Sonnenuhr Spatlese

总是成熟、多汁且浓烈，是一款深受板岩影响的葡萄酒，极大地满足了饮酒者的口腹之欲，辛辣刺激、纯正爽利。如此精致深厚的诱人口感，让你欲罢不能，酒盏不停。2012 年 1 月，奥利弗让我品尝了几个较为成熟的年份：2004 清瘦、光滑而精致，呈现淡雅的水果风味和雅致的矿物酸度。少许焦糖的气息预示着它的青春，甜度和明显的酸度也宣告着它的年轻稚嫩。2003 极为多汁，还要陈酿二三十年，1999 则已经步入最佳饮用期：非常清澈，散发花卉和板岩的香气，呈现活力四射的口感，与之后的年份酒相比，甜味稍淡，但雅致的原味和辛辣的矿物味让它极其精美细腻，不论是现在还是 20 年后饮用，都十分美味。

Brauneberg Juffer Sonnenuhr Auslese

选用充分成熟的雷司令葡萄，呈现强劲集中的新鲜水果风味，轻盈又雅致。你不禁会问：这真的是一款酒精饮品吗？白帽封瓶的精选酒在年轻期的口感美味但不稳定，如果陈酿 30 或 40 年以上就会大有裨益。如果是金帽封瓶，你拥有的是精挑细选下用精致酿酒工艺打造的美味之作。顶级品质的贵腐甜酒，选用手工挑选的精品葡萄，口感浓醇且强劲，果味依然清新且极度细腻，这要归功于板岩带来的风味和较低的酒精度。如果是长金帽封瓶，那它就是最细腻最浓郁的精选酒。数量很少，价格极高，但绝对物有所值。我记得在 2010 年 9 月品尝过两款酒。2009 金帽版十分精妙细腻，热带水果的香气及强劲风味，与爽利辛辣的板岩味相得益彰。2009 长金帽版格外高雅卓越，极其雅致且完美平衡，以最细腻的葡萄干香气与风味见长，的确是一款惊世之作。

弗里茨海格酒庄概况

葡萄种植面积：约 16.5 公顷
平均产量：125 000 瓶
地址：Dusemonder Strasse 44, 54472 Brauneberg
电话：+49 6534 1347

海曼 - 鲁文斯坦酒庄（Weingut Heymann-Löwenstein）

海曼 - 鲁文斯坦酒庄是德国最具争议的葡萄酒庄园之一。它的雷司令葡萄酒产自有"梯田摩泽尔"（Terrassenmosel）之称的下摩泽尔地区，其卓越的品质从未有过任何质疑；是浓郁而非半干型的葡萄酒风格引起了葡萄酒狂热粉丝的热烈讨论。不仅仅是葡萄酒，莱因哈特·鲁文斯坦（Reinhard Lowenstein）本人也是争议的来源。他以德国特有的严谨，从多学科的理论角度描述了关于风土的理念。他的大多数葡萄酒浓郁、集中、复杂，要求严格，并不是为大众消费而生，但是对那些愿意花时间从理性和感性的层面协调适应它们的人来说，一定能感受到震撼人心的力量。事实上，鲁文斯坦的精选酒和更高级别的头衔酒都是世界级的佳酿。

在温宁根地区（Winningen）及周边，鲁文斯坦和妻子科妮莉亚（Cornelia）在摩泽尔产区最陡峭壮观的几处种植地培育了约 15 公顷雷司令。坡度高达 115%，数不清的小块梯田似乎被层层叠加起来，这也是它们得名"空中花园"的原因。

温宁根乌伦园（Winninger Uhlen）或许是最复杂的种植地，同时也产出最令人心动的葡萄酒。这片长 1.65 千米、面积约 14 公顷的土地（鲁文斯坦持有其中的约 5.5 公顷），形成了一个巨大的从西南朝向到东南朝向延伸的圆形竞技场。山坡顶部的森林保护葡萄藤不受阴凉秋风的侵扰。葡萄园的石墙（总长约 21 千米）加上坚硬多石的地表土，不仅能够抵挡土壤侵蚀，还能储存并反射太阳的热量，土壤和植物的温度就会非常高。于是，葡萄的生理成熟将得到保证，因为萌芽期早，成熟期又很漫长。生产的葡萄酒总是极其成熟，十分浓郁且强劲有力，很少是干型酒。

拥有 4 亿年历史的海床和无数的沉积物在演变为莱茵地块（Rhenish Massif）是这里的特色。鲁文斯坦为此花费了巨大的精力，希望自己的葡萄酒能因此获益。乌伦园里的微气候变化不大，但沉积物极其多样，共形成 7 个不同的板岩层。鲁文斯坦已经根据板岩结构将原本区域划分为三部分。于是，他酿造了 3 款不同的乌伦头等园葡萄酒：罗斯莱（Roth-Lay）、劳巴赫（Laubach）和巴鲁夫瑟莱（Blaufusser Lay）。如果算上勒特根（Rottgen）、史拓森山（Stolzenberg）和教堂山（Kirchberg），就是一个头等园六重奏，只是都演奏着同一个乐器——雷司令，听上去却截然不同。

所有的葡萄酒都取用风味浓烈的金黄色葡萄，几乎用同样的方式精心酿造。葡萄汁含糖量通常大于 100°；在 2010 年，高达 120°。产量保持在低位（有 50% 的葡萄藤未经嫁接，本来也没有太多收成），葡萄经手工采摘（大多在 10 ~ 11 月的 6 周内完成），轻微破碎，再进行 12 ~ 20 小时的浸渍。随后，葡萄汁被缓慢压榨、过滤，开始自然发酵，容器大多采用大型的卧式 Fuder 木桶（2 000 ~ 3 000 升），通常持续到来年的春天。近年来，他们的葡萄酒（贵腐甜酒除外）开始实行苹果酸 - 乳酸发酵。在高酸度的 2010 年，鲁文斯坦本不愿采用这个方法，但最终也欣然接受这可喜的变化。浅龄酒都至少要酒糟陈酿到 7 月，而罗斯莱雷司令通常需要超过一年的时间来发酵。所有葡萄酒都会在收获一年后不做澄清，直接装瓶发售；罗斯莱雷司令则要在收获 2 年后投放市场。

罗斯莱头等园非常适合产出贵腐葡萄，能为特别优质酒中的逐粒贵腐精选和逐粒干葡贵腐精选创造完美的风土。像半干型或半甜型的顶级酒，也使用高比例的贵腐葡萄，

上图：莱因哈特·鲁文斯坦和妻子科妮莉亚，他们从摩泽尔最好的几处种植地取材，酿造要求颇高且动人心魄的葡萄酒

但依然呈现刺激的矿物味。精选酒不仅甜，还展现出极富贵族气质的独特盐土味，以及非凡的细腻与优雅质感。在靠近河流的低地势梯田，形成了一个非常温暖的微气候，可以在没有葡萄孢菌参与的情况下，使过度成熟的健康葡萄枯萎成葡萄干。的确，最细腻的特别优质酒，如金帽封瓶的精选酒或逐粒干葡贵腐精选酒，常常在 10 月收获季的初期开始采摘。

顶级佳酿

如果你只是想从下摩泽尔梯田区产出的这些葡萄酒里获得感官上的满足，那么 Schieferrasen 和 vom blauen Schiefer [V] 将是最理想的选择。这两款葡萄酒都散发着花香，纯粹辛辣，相对轻盈，十分诱人。如果你在寻找一款复杂生动、果味勾人的风土葡萄酒，那么稀奇古怪的 Rottgen 就是唯一的选择。如果你想要和葡萄酒进行智慧和灵魂上的对话，那就一定要尝一尝 3 款 Uhlen。冷冽、纯粹，富有贵族气质且高度复杂的 Roth-Lay 来自，富含赤铁矿和石英岩的红色、灰色、深色板岩土壤。2004 ★非常雅致、持久，带着意味深长的矿物味，

并保留细腻口感，很有潜力。2010 Auslese 金帽版★纯净精致的葡萄干芳香，混合冷冽清澈的板岩气息，与浓醇甜美的口感相比，很是淡雅，同时也很平衡，优雅而精致，是细腻十足的精品。口感颇为圆润，但紧凑、厚重并带有咸味的 Laubach，产自灰色板岩的含钙土壤，口感饱满丝滑，散发烟熏坚果的香气。2009 Auslese 金帽版★散发最纯净的贵腐香气，典雅而高贵。黏稠质地集合了葡萄干的香气，迷人的甜味和辛辣的酸度，完美平衡而雅致，是上佳之作。来自淤泥和黏性灰色板岩土壤的 Blaufusser Lay 呈现雷司令清冽辛辣的特色，其中以辛咸通透的酸度和尖锐的矿物味最为突出。

海曼 - 鲁文斯坦酒庄概况
葡萄种植面积：约 15 公顷
平均产量：100 000 瓶
地址：Bahnhof Strasse 10
电话：+49 2606 1919

丽瑟堡 / 托马斯海格酒庄（Schloss Lieser/Thomas Haag）

威尔海姆·海格（弗里茨海格酒庄）的儿子托马斯·哈格是一个安静、谦逊又可爱的人。在葡萄栽培和葡萄酒酿造领域，更是一颗耀眼的明星。在过去 20 年里，他将丽瑟堡酒庄一步步打造成摩泽尔产区最优秀的雷司令生产商之一。威尔海姆于 1992 年加入酒庄，在团队中负责运营的工作，那时酒庄（成立于 1904 年）经营状况不佳，正面临困境。5 年之后，托马斯和妻子尤特（Ute）将酒庄买了下来，酒庄再一次酿造出最细腻雅致、轮廓分明的雷司令葡萄酒。

目前，酒庄在非常陡峭的种植地都有栽培葡萄，共计 13 公顷。其中，格拉齐仙境园和丽瑟宫殿山园的地块出产用于酿造庄园酒的葡萄，而 3 个头等园——丽瑟地区的尼德伯格海登园（Niederberg Helden）、棕山地区的朱弗园和朱弗日晷园，则负责酿造头等园干酒，还有甜型和贵腐甜型的特别优质酒。不论什么品级，托马斯装瓶的都是极为清澈、精准、干瘦、雅致的葡萄酒，拥有极细腻的口感和近乎脆弱的结构。同时，这些葡萄酒能够出色地反映出自己的来源和喜好，就像托马斯在塑造他自己的思想和葡萄园时那样精准。

几乎所有的葡萄藤都固定在金属线上培形，管理起来更容易也更有效，包括早期严格的修枝，这也是保持低产的方法之一。每款葡萄酒所需的葡萄都是在最正确的时间采摘，然后非常小心地处理。在轻微破碎、压榨并沉淀后，用于半干型葡萄酒的葡萄汁自然发酵，用于干型葡萄酒的葡萄汁则接种酵母。发酵过程在不锈钢罐中进行，因为托马斯相信钢制品能更好地保留葡萄的酸度。他说："今天，我们收获的往往是含糖量较高的葡萄，将其平衡并保持葡萄酒的鲜活是非常重要的。"鲜活！托马斯当然已经达到这个目标了，他酿造的葡萄酒总是平衡又鲜亮，充满热情、活力和张力。

尽管威尔海姆·海格多年来一直对摩泽尔雷司令干型酒不抱太多的热情，他的两个儿子却都将重心转移到了干型酒上。在丽兹堡酒庄，30% ~ 35% 的葡萄酒是干型的，主要供应德国本土市场。用于出口的半甜型庄园珍藏酒占 20%，剩下的就是甜型葡萄酒和贵腐甜酒。

顶级佳酿

Lieser Niederberg Helden

在丽瑟河和摩泽尔河的村庄旁边，坐北朝南，占地 25 公顷，状似一个圆形竞技场，最大的坡度达到 80%，以久经风霜的蓝色板岩土壤为特色，蓄水能力强，能产出深厚多汁的雷司令葡萄酒。比 Juffer Sonnenuhr 更需要时间打开状态，但是高辛烷值的甜型酒从一开始就能给人留下深刻的印象。

2010 Auslese（长金帽）

香气清澈、厚重，并且具有还原味。入口通透，骨架小，轻盈而跳跃，几乎没什么重量感，达到了美妙的平衡。非常优雅精致，鼓动人心。

1995 Auslese（金帽）

这款精致典雅的精选酒是丽瑟堡酒庄的招牌。香气清澈、精致，有些许草本植物的芳香。轻柔纤细，优雅而平衡，同时又不失多汁和复杂的特性，还伴有一丝精致的盐土味。

2006 Beerenauslese

散发轻微的辛辣味，还有最细腻的葡萄干香气。口感上有蜂蜜的香甜，又不失优雅和精致，质地高雅，但呈现新鲜橙子的浓烈味道。光滑、完美、平衡。

Brauneberg Juffer & Juffer Sonnenuhr

是丽瑟村将它与尼德伯格海登园（Niederberg

Helden）分割开来，朱弗园（Juffer）占地近32公顷，将10.5公顷的朱弗日晷园（Juffer Sonnenuhr）包围在中央。朝向、坡度和土壤成分都是一样的，但产出的葡萄酒却略有不同。特别是朱弗日晷园，由于土质较轻，产出的葡萄酒呈现无可复制的微妙、精致、复杂，并具有多种层次。

2009 Brauneberger Juffer Kabinette [V]

展现非常微妙的辛辣味。口感上优雅、辛咸、醇和且相当复杂，是一流的珍藏酒。2010 口感轻盈，甜味柔和，汁液感强，同时也非常辛辣，值得一提的还有收尾处久散不去的矿物味。

2009 Brauneberger Juffer Sonnenuhr Spätlese（拍卖）★

这不仅是托马斯·海格风格的代表作，也是整个晚摘酒风格的经典，有教科书式的优雅精致。香气冷冽清澈，口感上则浓烈奔放、辛咸刺激、余味很长。简言之，这是一款完美平衡、诱人可口的葡萄酒。

2009 Brauneberger Juffer Sonnenuhr Auslese（长金帽）★

这一款高贵典雅且强势的葡萄酒，提出的问题远比回答的多。为何一款高度集中的精选酒可以做到如此的清澈、清爽、典雅、纯粹，泥土味和板岩气息并存，而且辛辣？简言之，为何能如此的美妙、惊人，又难以描述？

右图：托马斯·海格，离开家族庄园，将丽瑟堡酒庄重新打造成摩泽尔雷司令的重要出产地

丽瑟堡／托马斯海格酒庄概况

葡萄种植面积：约 13 公顷
平均产量：100 000 瓶
地址：AM Markt 154470 Lieser
电话：+49 6531 6431

圣优荷夫酒庄（Sankt Urbans-Hof）

尼古劳斯·维斯（Nicolaus Weis），圣优荷夫酒庄现任主人尼克·维斯（Nik Weis）的祖父，于 1947 年在雷温（Leiwen）村附近的一座小山上建立了这个葡萄酒庄园。随后，尼克的父亲，德国首屈一指的葡萄培育师赫尔曼（Hermann）接手了这份家族事业，并通过在萨尔产区买入顶级葡萄园来扩大自己的庄园。与其他很多顶级摩泽尔庄园相比，圣优荷夫酒庄的历史相对较短，但享有的声誉可能更高。

凭借中摩泽尔和萨尔产区约 33 公顷的葡萄园，家族酿造出了多种轻盈精致的雷司令葡萄酒，极为雅致细腻、辛辣开胃。这些葡萄酒仿佛有一种魔力，促使你一杯接一杯地喝下去。好在它们的酒精度低，价格也不算高，你既不会喝醉也不会喝穷。不过，要是你爱上了用来拍卖的精选、BA 或 TBA 葡萄酒，那就是另一回事了。

尼克的雷司令葡萄酒在年轻期可以颇具还原气质，展现自然发酵时的原生态芳香。在这一点上，它们与 JJ 普朗酒庄美味可口的珍藏、晚摘或精选葡萄酒并无二致，只是它们更复杂精致、辛辣活泼。的确，它们的风格应该是介于沙兹堡酒庄葡萄酒的纯清细腻与 JJ 普朗酒庄葡萄酒的迷人易饮之间。

葡萄园奠定葡萄酒的高品质；由鲁道夫·霍夫曼（Rudolf Hoffmann）管理的酒窖，充其量就是在葡萄栽培的成果上做最后的润色，这也正是尼克的愿景："将由土壤条件、微气候、葡萄品种、保养维护和人类知识等各方合作打造的葡萄园的独特个性展现在葡萄酒的味道里。"

目前，家族的产业包括 6 个独立葡萄园。其中，3 处在萨尔产区：维尔廷根蛇窖园（Wiltinger Schlangengraben）、绍登萨尔费斯马连柏园（Schodener Saarfeilser Marienberg）和位于奥克芬村的波克斯坦 VDP 头等园（距雷温村约 40 千米）。其他 3 处位于摩泽尔产区：梅林根布拉滕山园（Mehringer Blattenberg）、雷温村的头等园劳伦丘斯雷（Laurentiuslay），还有比斯波特村举世闻名的金滴园（Goldtropfchen）。在这些葡萄园里，雷司令葡萄藤上的基因物质非常古老。

酒窖中，尼克和他的团队奉行极简主义。为了保留每座葡萄园的特色，包括酶、人造澄清剂和其他化学物质在内的现代技术都被拒绝使用，取而代之的是传统技艺和自然方法。凉爽的酒窖为发酵的缓慢进行和清新口感、果味及香气的增加提供了最佳条件。在酒桶的选择上，既有传统的 1 000 升装摩泽尔 Fuder 桶，也有不锈钢罐。

葡萄酒的风格几乎涵盖了一切，从优质酒到珍藏和精选，还有 BA 和 TBA 酒，后两者只有在贵腐霉达到一定比例和纯度时才会酿造。除了一些主供德国本土市场的干型或半干型葡萄酒，剩下的几乎都是甜型或者贵腐甜型的特别优质酒。

顶级佳酿

Ockfener Bockstein

尽管面朝西南，坡度 50%，但这座位于萨尔侧谷的葡萄园受到来自洪斯吕克山的凉风影响，因此产出的葡萄拥有的是清新香气和草本的芬芳，而不是更高的含糖量。这很适合爽脆的珍藏酒和个性鲜明的晚摘酒。多砂砾的灰色板岩土为这里的葡萄酒带来一丝烟熏味。

2010 Kabinette [V]

展现青柠和葡萄柚的清新香气，核心深处十分浓厚。口感辛辣、爽脆，果味醇和；圆润，轻柔精

上图：尼克·维斯，正在实现着自己的愿景：打造以风土为主导的雷司令葡萄酒，呈现非凡的雅致细腻与辛辣感

致，完美平衡。以粉红葡萄柚的风味收尾。欢快、开胃，大有可为。

2009 Spätlese ★

散发花卉的香气。口感辛辣多汁，轻柔明快，几乎没有重量，略带咸味且完美平衡。口感绵长，极具诱惑力。绝对的美味之作。

Leiwener Laurentiuslay

葡萄园朝南和西南，光照十分充足。分解的黑色板岩土壤能在白天吸收多余热量，留待凉爽的夜晚释放。蓄水能力优秀。这里的葡萄通常成熟较早且含有较高的糖分，可以用来酿造更加丰腴醇厚的葡萄酒。

2010 Spätlese

散发花卉和矿物的香气。质地绵软多汁；颇为厚重、浓厚，接近干型酒的风格，这源于辛辣口感和绵长的矿物味。回味长，有潜力。

2010 Auslese

香气淡雅却集中，极具潜力。有菠萝、青柠和草本植物的香气。口感集中辛辣且多汁，有绵长的矿物味和水果的香甜。这款酒的口感非常精准，平衡得很好，而且回味悠长。

Piesporter Goldtröpfchen

这是尼克拥有的古老葡萄园地块，其中未嫁接的葡萄藤应该有 80 多岁了。分解的板岩土壤具有极强的蓄水能力，巨大的板岩峭壁也能吸收阳光并在夜晚释放出来。产自这里的葡萄酒都具有一种天然的甜味，有百香果和葡萄柚的芳香。值得一提的是，这种新鲜度可以保持 30 年以上。

2009 Auslese ★

香气优雅精致，带有植物和板岩的芳香。口感精美雅致，达到完美的平衡，是一曲歌唱细腻与轻盈的赞歌。持久而复杂。

2010 Beerenauslese ★

香气十分高贵，集中且平衡；呈现最细腻的雷司令葡萄干风味。口感非常厚重，也很细腻精确。酸度高雅，精美开胃，回味悠长。

圣优荷夫酒庄概况

葡萄种植面积：约 33 公顷
平均产量：250 000 瓶
地址：Urbanus Strasses 16, 54340 Leiwen
电话：+49 650 793 770

15 | 阿尔

美耀 - 奈克酒庄（Weingut Meyer-Näkel）

沃纳·奈克（Werner Näkel）从 20 世纪 90 年代开始，成为德国首屈一指的黑品乐酿造商。他说自己最大的优势就是没受过葡萄栽培或酿酒方面的正规教育。虽然他的父亲已经在制作干红葡萄酒，可沃纳觉得自己更受勃艮第葡萄酒的启发。在众多的酿酒人里，他遇见了亨利·贾伊（Henri Jayer）。后者的人格魅力和葡萄酒作品给沃纳带来了巨大的碰撞和转变，犹如青蛙王子额头上的那一记亲吻。十年后，沃纳·奈克成了阿尔产区的"亨利·贾伊"。他的黑品乐头等园酒位居德国品质最好、价格最高的红葡萄酒之列。

到了 20 世纪 90 年代，沃纳·奈克已经成为阿尔产区的"亨利·贾伊"。他的黑品乐头等园酒位居德国品质最好、价格最高的红葡萄酒之列。

从 2005 年开始，沃纳在盖森海姆大学攻读过葡萄栽培学和酿酒学的女儿梅克（Meike）和德特（Dörte），越来越多地负责酒庄的葡萄酒制作，沃纳则负责照看葡萄园或其他项目，如位于杜罗产区（葡萄牙）的卡瓦霍萨酒庄（Quinta da Carvalhosa），还有与尼尔·埃利斯（Neil Ellis）在斯泰伦布什产区（南非）合资经营的酒庄。从那时起，他们的葡萄酒变得更加清新、细腻、纯净，即使在年轻期也能带来更大的饮酒乐趣。第一个呈现全新风格的是 2006 年份酒，没有了那么多的华丽感和橡木味。五年后，当我品尝这 3 款佳酿酒时，它们依然充满活力，还在不断成长。

如今，酒庄栽培葡萄共 17 公顷，其中 80% 为黑品乐，10% 为芳品乐。沃纳解释说："雷司令、白品乐和丹菲特适用的是市场在 30 千米半径范围内的葡萄酒。"

品乐葡萄生长于最佳位置，其中有 3 款葡萄酒被列为头等园干酒。所有葡萄酒都在 3 500 升的立式大木桶中冷浸发酵 3 周，然后放入中度烘烤的 Taransaud 和 François Frères 品牌波尔多橡木桶中陈酿。佳酿酒使用新橡木桶的比例从 50% 到 100% 不等，基础级葡萄酒不使用。其中的蓝板岩（Blauschiefer）是典型的阿尔黑品乐葡萄酒：很清新，散发樱桃果香，精巧细腻，有蓝板岩的香味。年轻期饮用乐趣无限；不过，像 2009 这样杰出的年份也可陈酿十年。黑品乐 S 系是头等园（主要是太阳山园）的 B 线葡萄酒，但也是非常复杂精妙的品乐酒。3 款强大的黑品乐头等园干酒品质非凡，但还有更胜一筹的 SR 系葡萄酒。十分稀有，价格极高，是挑选无籽的品乐葡萄特别酿造而成，每年在巴特克罗伊茨纳赫拍卖出售。酒庄的普法温格特园（Pfarrwingert）还栽培芳品乐葡萄，并酿造它的头等园干酒推向市场。

顶级佳酿

2009 Spätburgunder S
这款杰出的一级园酒混合取材自 3 座头等园（主要是太阳山园）的 B 级地块，表现美妙。散发非常精致的花卉香气，有些许烟熏味，呈现完美的成熟果味和诱人的热情。入口圆润、醇和、雅致，充满紫罗兰和板岩的香气，还有樱桃果香和少许甘草香，收结处是怡人的盐土味。回味颇长。

2009 Pfarrwingert GG
这款葡萄酒散发板岩的气息和非常淡雅的花香味，有红樱桃和黑刺李的成熟果香，还有淡淡的黑醋栗香气，清新而高雅。入口浓烈、新鲜多汁、纯净美妙、精致丝滑，板岩特性得到完美的体现，为

上图：阿尔产区的酿酒先锋沃纳·奈克与女儿梅克（左）、德特（右）一起，持续酿造着一流的葡萄酒

葡萄酒带来精巧、通透和活力。

2009 Kräuterberg GG ★

产自非常古老的石板梯田，每阶最多种植 25 株葡萄藤。高达 3 米的石墙结合板岩土壤，营造非常温暖的微气候。奈克拥有这里约 0.7 公顷的葡萄藤，其中 50% 是来自 20 世纪 90 年代中期的法国克隆品种，其余为 40 年的克隆品种 Ritter。香气深厚强劲，均衡，又独具特色。散发成熟深色水果、草本植物、东方香料和烟熏的香味。口感细腻柔滑，呈现红樱桃的果味。酸度强劲。紧实的结构令这款葡萄酒比 Pfarrwingert 多了点收敛和粗糙，但陈酿潜力巨大。1997、1999 和 2006 发展到今天的口感都很出色。

2009 Sonnenberg GG

最温暖的种植区域，板岩上覆盖大量黄土，坡度 30%。奈克持有其中约 1.2 公顷的土地。这款葡萄酒的香气深厚复杂，有肉味和烟熏味，与其他佳酿酒相比并不惹眼。散发黑醋栗和花卉的芳香，还有纯质石灰岩的气味。口感丰富、圆润、集中，非常厚实。展现纯净的果味，芳醇柔滑，持久，甜味四溢，却未失半分的雅致与精巧。

美耀 - 奈克酒庄概况

葡萄种植面积：约 17 公顷
平均产量：100 000 ~ 120 000 瓶
地址：Freidensstrasse 15, 53507 Dernau
电话：+49 2643 1628

致　谢

2010 年 11 月的某一天，我接到电话并欣喜地得知，将由我来为成功启动 2 年的《世界顶级酒庄》系列撰写德国葡萄酒的部分。这是莫大的荣幸，我想感谢《世界顶级酒庄》团队的每一个人。首先是出版人萨拉·莫利（Sara Morley），即使把一半的组织才能分给我，她也依然是一位才华横溢的经理。我要特别感谢编辑尼尔·贝克特（Neil Beckett）和大卫·威廉斯（David Williams），还有审校大卫·汤姆贝西 - 沃尔顿（David Tombesi-Walton），再没有比他们更棒的编辑团队了。尼尔，我的夜间联络员，总是那么善于调动和激发积极性，洞悉人的心理，还是一位出色的热托蒂酒专家。

乔恩·威安德（Jon Wyand），载誉无数的摄影师。我一直没能看到他拍摄的照片，直到撰写工作接近尾声才得以一饱眼福。因此，在此之前，我对乔恩仅有的认知就是他的名望与才能，还有诸位酿酒商口中的描述。他们说，乔恩是他们见过的最干脆利落的摄影师，每个酒庄基本都在一个小时内搞定。不管怎样，这批德国酿酒商已经完全成了乔恩的粉丝。在圣诞节的前几天，我终于有些明白为什么乔恩要把挑选好的肖像照片送给每一位酿酒商作为圣诞礼物。这是我所见过的属于他们每一个人的最迷人的肖像照。乔恩真正捕捉到了个体的精髓，并且领会他们的内心。这种深入的了解，通常需要我花上几年的时间来获得，乔恩却在一个小时不到的时间里完美收官。我从未见过这些德国酿酒商能在相机面前如此放松地做自己。我不知道乔恩是怎么做到的，但一定是他的经验、专长和真诚促成了这一切。他的努力也令我深受鼓舞，让我保持愉悦的心情来完成这本书（在德国北部漫长又黑暗的冬季里，保持心情愉悦可没那么容易，我已经因此从自行车上摔下过两次了，两次都摔得不轻）。看着这份最终的成品，我很骄傲曾与你共事，乔恩，谢谢！

代表乔恩，我要感谢 VDP 协会的斯蒂芬妮·克雷斯（Stenfanie Kress），是她积极安排了乔恩的每一场会面，尽管有几个酿酒商并不是 VDP 协会的成员。

我还要感谢大卫·席尔德克内希特（David Schildknecht），他为本书提供了非常严谨且极其有用的意见。大卫学识渊博，就像一本行走的百科全书，同时也对德国的葡萄酒兴趣浓厚，充满热情。他清晰明确、独立自主，偶尔离经叛道的想法可以带来宝贵的新思路。

遗憾的是，我只能在众多优秀的德国酿酒商中挑选一部分做重点介绍。在这里，我向所有因为篇幅问题而无缘最终名单的优秀酿酒商表示歉意。

写于埃尔特维勒，莱茵高
2012 年 3 月 29 日